日本國立科學博物館 監修

有毒生物圖鑑

毒図鑑　生きていくには毒が必要でした。

動物・植物・昆蟲・魚類，
54種有毒生物小百科

丸山貴史 著　あべたみお 繪　何姵儀 譯
鄭明倫 國立自然科學博物館生物學組主任 審訂

introduction

前言
認識「毒」

說到「毒」，你會聯想到什麼呢？

從毒蛇、蠍子、蜂類等被咬或被刺就有可能會致死的危險生物，到像蕁麻或漆樹這類會引起搔癢或腫脹等不適症狀的植物，都包含在有毒生物的範疇之內。不過有些毒若是少量，反而可以當作藥物來使用，或像酒精可以當作嗜好飲品來飲用。然而，透過生物濃縮（biological concentration）這種生物間的關係傳遞，有時也會讓我們在意想不到的地方攝取到毒素。

因此我們可以說這個世界充滿了毒，而在生物當中，有些能巧妙地避開毒，有些則能善用毒。

日本國立科學博物館於2022年冬季至2023年春季以「毒」為主題，舉辦了一場特別展，之後又在大阪巡迴展出，參觀人數超過40萬，這顯示出人們對「毒」頗為關注。

「毒」聽起來有點可怕，但其實很有趣。如果能正確了解圍繞在我們身邊的「毒」，就能夠與之好好相處。

這本書基於這樣的理念，以有趣的方式廣泛探討「毒」這個主題。現在就讓我們出發，一起去探索圍繞在我們身旁的有毒生物世界吧。

日本國立科學博物館　**細矢剛**（植物研究部部長）

目錄

前言……2

第一章

「毒」是什麼？……8

什麼樣的東西算是毒？……10
毒對每個人都有效嗎？……12
過敏與感染症……14
毒有哪些種類？……16
帶毒是有理由的!?……18

第二章

爬蟲類・兩棲類的毒……20

可以擊倒水牛的毒 科摩多巨蜥……22
意外未用在覓食的毒 墨西哥毒蜥……24

為了吃蛇的毒 眼鏡王蛇……26
向敵人噴灑的毒 噴毒眼鏡蛇……28
行動像魚的眼鏡蛇毒 闊帶青斑海蛇……30
會溶解肌肉的毒 琉球蝮……32
兩種不同作用的毒 虎斑頸槽蛇……34
從耳朵發射的毒 海蟾蜍……36
擁有脊椎動物中最強的毒 金色箭毒蛙……38
從頭槌分泌的毒 格林寧樹蟾……40
用肚子展露的毒 赤腹蠑螈……42
專欄 對抗毒素……44

第三章

昆蟲・蜘蛛・蜈蚣的毒……48

潛藏在柔軟毛中的毒 南方絨蛾……50
刺入口器注射的毒 度氏暴獵蝽……52
從觸角尖端分泌的毒 白足蠍天牛……54
從柔軟身體釋放的毒 青擬天牛……56

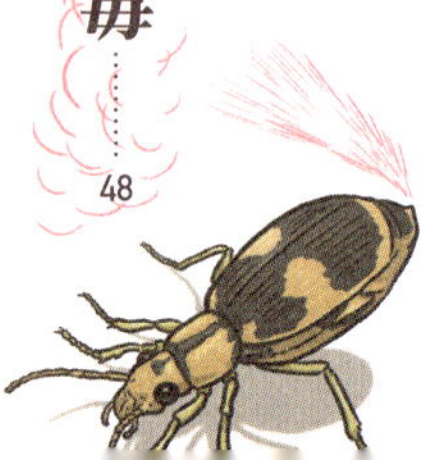

發光警告的毒 北方鋸角螢 …… 58
從臀部釋出的高溫毒 三井寺步行蟲 …… 60
專欄 蜂毒的演化 …… 62
一隻就帶來多次危險的毒 蜱蟲 …… 68
從尾巴末端分泌的毒 亞利桑那樹皮蠍 …… 70
停止動作並溶解的毒 日本紅螯蛛 …… 72
氣味臭酸的毒 奄美鞭蠍 …… 74
從腳爪尖分泌的毒 秘魯巨蜈蚣 …… 76
從肢節釋出的毒 紅龍馬陸 …… 78
專欄 以毒自衛的生物 …… 80

第四章 魚類的毒 …… 84

魚類中最可怕的刺毒 玫瑰毒鮋 …… 86
華麗魚鰭中的毒 環紋簑鮋 …… 88
聚在一起保護自己的毒 日本鰻鯰 …… 90
想吃但會沒命的毒 月尾兔頭魨 …… 92
讓人肚子拉個不停的毒 薔薇帶鰆 …… 94
無法做成生魚片的毒 日本鰻 …… 96
潛藏於沙泥之中的毒 赤魟 …… 98
專欄 毒，好吃嗎？ …… 100

第五章 水母・貝類・蟹類的毒 …… 104

一觸即發的毒 澳洲箱型水母 …… 106
釣魚線上的毒 僧帽水母 …… 108
會破壞腎臟的毒 夜海葵 …… 110
無數尖刺中的毒 棘冠海星 …… 112
唾液中的毒 藍紋章魚 …… 114
從捕魚的尖刺中釋放的毒 殺手芋螺 …… 116
因地而異的毒 花紋愛潔蟹 …… 118
專欄 誰擁有最強的毒？ …… 120

第六章 植物・蕈菇・微生物的毒

第六章 植物・蕈菇・微生物的毒……124
充滿犯罪氣息的毒 烏頭……126
連牛都能殺死的毒 夾竹桃……128
難以消化的毒 尤加利……130
只要照到陽光就會產生的毒 大葉牛防風……132
潛藏於日常的毒 馬鈴薯……134
會引起花粉症的毒 柳杉……136
碰一下就危險的毒 火焰茸……138
專欄 各種毒蕈菇……140
囤積在魚體內的毒 雙鞭毛藻……144
被排出體外的毒 肉毒桿菌……146
專欄 亦可成為良藥的毒……148

第七章 哺乳類・鳥類的毒

第七章 哺乳類・鳥類的毒……152
用於決鬥的毒 鴨嘴獸……154
為捕食大型獵物而分泌的毒 北美短尾鼩鼱……156
血會流個不停的毒 吸血蝙蝠……158
混合使用的毒 懶猴……160
從臀部噴射的毒 條紋臭鼬……162
首次在鳥類中發現的毒 黑頭林鵙鶲……164
在化石中發現的毒 中華鳥龍……166
專欄 生物以外的毒……168
結語……172
索引……174

如何使用本書

圖鑑頁面

有毒生物名稱

基本上是物種名稱，但有些是群體的總稱。上方的英文字母是學名。

攻・守

表示毒是用於攻擊還是防禦。

補充說明

為想要更深入了解的人而進一步提供的資訊。

毒菇君備忘錄

記錄了毒菇君的個人經驗和見解。

有毒生物的基本資料

- 分類：說明屬於哪個生物類群，以綱、目、科的層級表示。
- 大小：生物的長度。根據生物的種類，以全長（從頭部到尾部末端）或體長（從頭部到尾部）等不同方式表示。
- 分布：該生物大致的生活地區。
- 食物：該動物所吃的食物

毒性等級

毒性等級

所有物質都有可能成為毒，而是否會成為毒，取決於毒的劑量。因此本書以此為基礎，根據以下的標準來評估及標示 ☠ 來表示毒性的等級。評估的對象不僅是毒素本身的強度，還包括被刺中或食用的危險程度。

※ 即使毒性等級很高，但許多都是不食用就不會陷入危險之中。例如，毒性等級 5 的火焰茸，食用後雖然可能會致命，但接觸時的危險程度卻非常低。

Lv.5 ☠☠☠☠☠	有高度致命的可能性
Lv.4 ☠☠☠☠	少數情況下會致命
Lv.3 ☠☠☠	症狀嚴重，但幾乎無死亡案例
Lv.2 ☠☠	不適症狀會持續一段時間
Lv.1 ☠	症狀輕微，短時間內會痊癒
Lv.?	不明

是什麼？

在介紹各種生物的毒之前，先讓我們來確認什麼樣的東西算是毒，以及有哪些種類的毒。在這當中，有些是看起來有毒但其實無毒的東西，也有些是看起來無毒但其實是有毒的東西。

第一章

毒

什麼樣的東西算是毒？

「毒」究竟是什麼樣的東西呢？舉例來說，有毒的昆蟲雖然體型嬌小，卻能對人類造成重大的傷害。這是因為許多類型的毒只要少量，就能發揮作用。

但是也有一些東西雖然少量無害，但是只要大量攝取，就會變成毒藥。

維他命是維持健康所需的營養素。但是有些維他命要是攝取過多，就會轉變成毒。例如，缺乏維生素會導致視力下降，或是骨骼和牙齒無法正常生長。但若**攝取過量，極有可能會引起頭痛或噁心，甚至全身的皮膚開始脫皮，最後導致死亡。**

不是只有一針見效的東西才是毒喔！

此外，我們的身體需要鹽分。夏天出汗過多的時候如果不攝取鹽分，身體就有可能會出現痙攣。**可是如果一次就攝取180克的鹽（相當於1公升的醬油），即使是體重60公斤的成人，也會因此而喪命。**

另外，日本的自來水含有少量「氯」，這是一種消毒成分。正因為有這個成分，自來水中的細菌才不會繁殖，可以安心飲用。但因為它能殺死細菌，所以氯這種成分本身對人體來說其實也算是一種毒。

此外，即使是不含氯的水，一次喝太多也可能會致命。像美國就曾經發生過有位女性在「憋尿喝水大賽」中，因為喝下超過6公升的水而「水中毒※」身亡。

由此看來，毒這種性質（毒性）存在於各種物質中，至於某種物質是否為有毒，通常取決於攝取量。

※水中毒是指當體液過度稀釋時，進而引起意識障礙和痙攣等症狀。

毒對每個人都有效嗎？

長頸鹿、獨角仙、蛤蜊、松茸、向日葵之類的生物不僅外觀因種類而異，就連體內的構造也大不相同。因此**什麼樣的物質會成為毒，通常也因種類而異**。

例如家中有養狗或養貓的人，應該知道讓人類愛不釋手的美味巧克力及酪梨，對牠們來說其實是有毒的食物。此外，幾乎所有的蜘蛛都會利用毒液來獵捕，但是牠們的獵物卻以昆蟲等節肢動物為主，因此對哺乳類會發揮毒性的蜘蛛並不多見。

體型大小也很重要。例如老鼠和我們一樣都是哺乳類，因此毒藥發揮的效用就會和人類相似。但是老鼠體型較小，少量的毒就可以在牠們身上發揮效果。於是研究人員便利用這一點來調**查多少劑量的毒藥會致命，並且調查其毒性的強弱，這就是所謂的「半數致死量（LD $_{50}$ ）」**。

研究設施飼養的白老鼠會慢慢增加給予的毒物劑量，當有一半的老鼠死亡時，這樣的劑量就稱為「半數致死量（LD $_{50}$ ）」。即使是同一種生物，對於毒素的抵抗力也有個體差異，所以才會將讓50％的個體死亡的劑量視為平均致死量。

基於上述原因，當我們在提及「毒」的時候，通常是指對「人類而言」「僅需少量」即會「危及生命」的物質。因此**水及巧克力不會稱為毒物，但是會說「巧克力對狗來說是有毒的」**。

※致死量是指「足以致命的劑量」，也就是只要進入體內，就會導致死亡的量。雖然白老鼠和人類對毒的反應並不完全相同，但是為了方便起見，這本書會假設「成人」的體重為60公斤，並以「LD $_{50}$ ×60」作為成人的致死劑量（此為估計值，非由人做實驗而得來的值）。

生物的種類、大小及個體不同，毒所發揮的作用也會隨之而異喔～

過敏與感染症

在毒素中，毒性發揮的作用會略有不同的是過敏原。大家身旁可能會有人因為堅果類、蕎麥粉、牛奶或杉樹花粉等物質進入體內，而出現搔癢、起疹子或呼吸困難等症狀。這種情況稱為「過敏反應」，是原本**身體防禦機制的「免疫系統」產生異常反應而來的**。

免疫系統原本是一種用來攻擊進入體內的病毒和細菌的功能，但是有些人的免疫系統會因為過度反應而引發過敏。

而在所有的過敏反應中，全身出現嚴重過敏症狀的稱為「過敏性休克」（anaphylactic

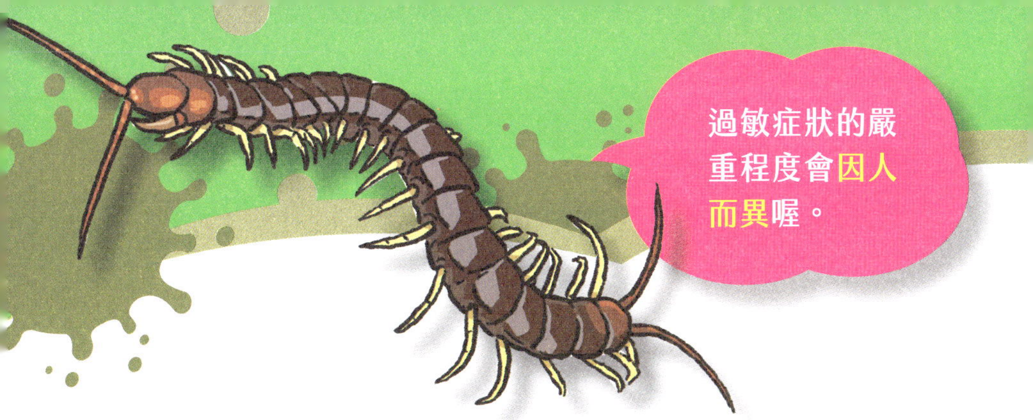

shock）。在各種毒素中，蜂毒和蜈蚣毒都非常容易引起過敏性休克，因為被螫而出現症狀兩次以上的人其實不少。另一方面，也有人即使被蜂螫傷多次也不會出現太過嚴重的症狀，因此**過敏反應的個體差異非常大**。

然而，被瘧蚊叮咬而引發的瘧疾，或者是因為被老鼠身上的跳蚤吸到血而引發的鼠疫，這樣的情況就像是被注入了致命毒素一樣。

由於生病的原因是微生物，例如瘧疾是「瘧原蟲」（Plasmodium），鼠疫是「鼠疫桿菌」（Yersinia pestis），這些微生物進入體內之後如果沒有被「免疫系統」消滅而繼續增殖，就會出現症狀。

因此，**由微生物引起的症狀稱為「傳染病」，以便與中毒區分開來**。

毒有哪些種類？

一提到喝下毒藥，大家心裡可能會冒出口吐鮮血、倒地不起的畫面。**不過這個世界上存在著各式各樣的毒**，而且進入體內的途徑除了口服，還可能隨著呼吸進入，或經由毒牙及針刺注入，甚至透過皮膚與黏膜吸收。而不同的毒，帶來的效果也會有所不同。

所以接下來要先介紹最具代表性的二種毒素。

神經毒素

神經毒素是一種會影響神經功能的毒素※。神經毒素就算進入體內，也不會感到疼痛（但被咬或被刺的時候會痛），不過身體會麻痺，無法和平常一樣活動，而且會呼吸困難，有時甚至會因為心臟停止跳動而死亡。

代表性生物：眼鏡蛇、箭毒蛙、河豚

血毒素

血毒素是一種會影響血液成分的毒素，只要一進入體內，就會引起劇烈疼痛。這種毒素會使血液凝結，阻塞血管（血液無法流通的部分就會引起細胞死亡），或者傷口血流不止（因失血過多而死亡），甚至破壞運送氧氣的紅血球（因缺氧而死亡）。致死率雖然比神經毒素低，但即使存活，也可能會留下後遺症。

代表性生物：日本蝮蛇、琉球蝮、科摩多巨蜥

除此之外，還有一些會對體內的細胞產生作用的細胞毒，以及會引起嚴重腹瀉或引發幻覺的毒，這些都無法歸類到上述類型的毒素之中。不僅如此，有些毒素的致命機制尚未明確，而有些生物所擁有的毒素成分也不止一種。

※影響神經功能即會干擾體內的訊息傳遞過程，例如阻礙大腦向肌肉發出的信號等。

被咬到血會流個不停，可是會完蛋的喔。

帶毒是有理由的!?

對生物來說，擁有毒素並不是一件容易的事，因為對其他生物來說有毒的東西，也有可能會對自己帶來傷害。因此，許多有毒生物大多已經演化出一個能讓自己不會受到自身毒素傷害的機制。

既然如此，生物為什麼要擁有毒素呢？**這種情況大致可以分為「攻擊」及「防禦」這兩種模式**。

舉例來說，蜘蛛、蠍子和蛇的毒素是用來**攻擊獵物，使其失去反抗能力的毒**。會用毒素來進行攻擊的生物，通常擁有將毒注入獵物體內的牙齒或

尖刺。不過這類用來攻擊的毒素也能用於保護自己，以防禦更加強大的敵人。

另一方面，河豚、青蛙和海星的毒素則是為了**保護自己不被捕食**，牠們專門用來防禦的毒素通常存於體表或體內，只有被吃掉才會發揮效果。但即使被敵人吃掉，只要能讓對方吐出來，或者是消滅吃掉自己的敵人，就能降低自己或後代被吃掉的可能性。特別是對於**無法移動逃跑的植物來說，毒是一種相當重要的防禦手段**。

這樣的毒素在生物史中，應該是多次獨立演化而來的。即使最初是微量的毒素，只要能在攻擊或防禦上發揮作用，就能留下更多的後代，讓有毒生物不斷演化。

毒

第二章

爬蟲類・兩棲類的

爬蟲類包括蛇、蜥蜴、烏龜及鱷魚等生物，除了蛇，大部分爬蟲類都沒有毒性；另一方面，青蛙、山椒魚、蠑螈等兩棲類，則幾乎多少都帶有毒素。

Varanus komodoensis

科摩多巨蜥

攻 守

可以擊倒水牛的毒

慢慢逼近對手的類型

牙齒沒有輸送毒液的溝槽，因此非常堅固，不易折斷。
遇到大型獵物，會先咬碎再食用。
下顎有儲存毒液的囊袋，用力咬合時毒液會從牙根滲出來。

分類：爬蟲綱・有鱗目・巨蜥科

大小：全長 2.5 ～ 3.1 公尺

分布：印尼（科摩多島、弗洛勒斯島）

食物：哺乳類或爬蟲類

毒性等級 ☠☠☠☠

在有毒的陸生動物中，體重最重※的是科摩多巨蜥。如此巨大的動物擁有毒素其實是非常罕見的，**而且牠們會利用這種毒素來擊倒體型比自己大的哺乳類**。

例如，獵捕水牛這類大型獵物並不容易，但是只要被科摩多巨蜥咬傷，強力的毒素就會讓獵物的傷口血流不止，因而逐漸虛弱，倒地不起。**這個時候科摩多巨蜥只要慢慢跟在體力漸漸不支的獵物後面就可以了**。

另外，科摩多巨蜥棲息地之一的弗洛勒斯島數千年前還曾經是小型象的棲息地，因**此科摩多巨蜥所擁有的毒素有可能連大象都可以擊倒**。

※科摩多巨蜥的體重最多可達166公斤（為圈養的個體紀錄）。

科摩多巨蜥擁有毒素這個事實是相對近期才發現的事。不久以前人們還是以為科摩多巨蜥「嘴裡有大量的細菌，所以獵物被咬之後會因為敗血症而死亡」。

現在我們已經知道殺死獵物的可能是下顎滲出的毒液，而且其他的巨蜥同類也發現了類似的毒素。

「用嘴裡的細菌讓獵物因為生病而喪命」這種說法完全被否定是相當近期的事。2016年出版的《可惜的生物事典》（高橋書店）中曾經提及「科摩多巨蜥的嘴巴非常髒」，就是基於細菌論而提出的論述。

Heloderma horridum

墨西哥毒蜥

其實是個性溫和的居家派？

守

意外未用在覓食的毒

生活在乾燥的森林或沙漠等地。

2024 年曾經發生一件被體型較小的美洲毒蜥（*Heloderma suspectum*）咬死的意外事件。

牠們所分泌的毒素成分可以用來製造治療糖尿病的藥物。

咬合力非常強，一旦咬住就不會輕易鬆口。

分類：爬蟲綱・有鱗目・毒蜥科

大小：全長 70 ～ 100 公分

分布：墨西哥

食物：鳥、幼蜥蜴或蜥蜴蛋

毒性等級

雖然是居家派，但死咬著不放的力氣還是很大的喔～

在發現科摩多巨蜥是有毒的生物之前，人們一直以為唯一有毒的蜥蜴是毒蜥。**雖然不少蛇類都帶有毒性，但是與蛇同屬「有鱗目」的蜥蜴卻幾乎沒有毒**。

蛇類的「毒腺」一定是位於上顎，但是毒蜥的毒腺卻是在下顎。這代表這種毒腺是有別於蛇類，獨自演化而來的。除此之外，**毒蜥下顎的每一顆牙齒還有輸送毒液的槽溝**。

毒蜥的毒性非常強，有時大約0.12公克，就可能致人於死地，不過人類因此而喪命的例子卻幾乎未曾聽過，因為**牠們的體型雖然龐大，但是分泌的毒量卻非常少**，加上動作緩慢，又不具攻擊性，所以人類被咬的情況反而不常見。

毒蜥營養若是足夠，尾巴就會變粗，因為牠們會將營養儲存在尾巴之中。當季節進入占全年將近一半時間的「乾季」時，毒蜥就會潛入地下中不活動。等到「雨季」來臨時，才會重新開始活動，尋找鳥巢，吞食鳥蛋和雛鳥。在捕食這類獵物時並不需要用到毒液，因此牠們的毒在捕食上似乎沒有什麼用處。

毒蜥吃的都是體型比自己小很多的動物，所以在捕捉獵物時似乎用不到毒液，但是牠們在蜥蜴這個類別中卻演化出非常罕見的毒。探究其因，有可能是為了保護自己，以防禦體型更大的掠食者。

Ophiophagus hannah

眼鏡王蛇

攻 守

為了吃蛇的毒

我是蛇中之王！
能夠維持高舉頭部的防禦姿勢，四處移動。
毒量相當充沛，但是毒性在眼鏡蛇家族之中卻稍弱一些。
母蛇會在卵的周圍盤起身體，悉心守護到幼蛇孵化。

分類	爬蟲綱・有鱗目・眼鏡蛇科
大小	全長3～5公尺
分布	南亞、東南亞
食物	蛇類

毒性等級 ☠☠☠☠☠

眼鏡王蛇是**世界上體型最長的陸生有毒動物**。像網紋蟒（*Python reticulatus*）或森蚺（*Eunectes murinus*）等超大型蛇類大多沒有毒性，而是利用絞殺的方式奪取獵物的性命。然而，眼鏡王蛇的體型最長可達5.85公尺，體重甚至超過10公斤，卻**擁有劇毒，還可以用毒殺死獵物**。

牠們的主食是其他蛇類，不僅食用無毒的蛇，就連在捕食帶有劇毒的印度眼鏡蛇（*Naja naja*）或泰國眼鏡蛇（*Naja siamensis*）時也毫不畏懼。眼鏡王蛇會咬住獵物的脖子，將毒液注入其中，再從頭部慢慢吞食。

大家可能會好奇：「吃毒蛇不會有問題嗎？」其實，**眼鏡蛇的毒液吃進嘴裡是不會發揮作用的**。但被咬傷之後毒液若是進入血管裡，即使同為眼鏡蛇，也會中毒死亡。不過眼鏡蛇對於自身的「神經毒素」多少都有些「抗性」就是了。

眼鏡蛇家族的所有成員都是毒蛇。其中眼鏡王蛇體型特別龐大，分泌的毒量不容小覷，多達 7 毫升的量，就算獵物是大象，照樣能奪走牠們的性命。

雖然眼鏡王蛇性格溫和，不會隨便攻擊人類，但卻還是曾經發生過成人不慎被咬傷而在 30 分鐘內喪生的案例，是一種相當危險的蛇。

有次我在泰國的某個村子裡住宿的時候，看到一條眼鏡王蛇跑進屋子裡。但是村民非但不害怕，也沒有試圖殺害，只是溫柔地把牠趕出去而已。眼鏡王蛇似乎是因為會捕食比牠更具危險性的毒蛇，所以才會受到村民的重視。

Hemachatus haemachatus

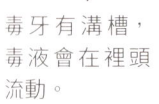

噴毒眼鏡蛇

攻 守

向敵人噴灑的毒

我要瞄準
你的雙眼♡
毒牙有溝槽，毒液會在裡頭流動。
溝槽的出口位於毒牙前方，因此毒液會快速向前噴射。
噴毒之前會抬高頭部，展開頸部的頸摺，讓自己的體型看起來更龐大。

分類：爬蟲綱・有鱗目・眼鏡蛇科

大小：約 100 公分左右

分布：非洲東南部

食物：蟾蜍或老鼠

噴毒眼鏡蛇又稱為射毒眼鏡蛇、唾蛇或林卡蛇，是名聲最為響亮的噴毒蛇類。不過在非洲和亞洲生活的眼鏡蛇家族中，還有黑頸眼鏡蛇（*Naja nigricollis*）、紅噴毒眼鏡蛇（*Naja pallida*），以及泰國噴毒眼鏡蛇（*Naja siamensis*）等其他會噴射毒液的蛇類。

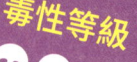

毒性等級 ☠☠☠☠☠

你們也不要老是悶著，偶爾把毒發洩出來也很重要！

噴毒眼鏡蛇有毒牙，咬住獵物之後會注入毒液，使其失去抵抗能力後再進食。不過牠們的毒所發揮的作用並非僅此而已。**當生命受到威脅時，牠們會將毒液噴射到2～3公尺遠的地方，藉此保護自己**。

噴射毒液時牠們會瞄準敵人的雙眼。除了讓獵物麻痺的「神經毒素」之外，噴毒眼鏡蛇的毒液還有能溶解身體細胞的毒素。因此**毒液若是不慎進入眼睛裡，眼球的細胞就有可能會被破壞，嚴重的話還會永久失明**。

此外，為了能夠猛力噴射，**噴毒眼鏡蛇的毒液會比其他眼鏡蛇還要來的稀薄不黏稠**，這與水槍裝入黏稠的糖水容易堵塞，但使用一般清水反而比較容易噴射的原理是一樣的。

噴出毒液之後敵人若是沒有逃離，噴毒眼鏡蛇就會仰躺倒地，張著嘴巴一動不動，這是最後的手段——「裝死」。喜歡活捉獵物的掠食者若是發現對方突然停止不動，有時會因此失去興趣。雖然這招未必每次都會奏效，但既然噴毒眼鏡蛇會保留這樣的舉動，說不定反而證明了「裝死」這一招意外有用。

Laticauda semifasciata

闊帶青斑海蛇

攻

行動像魚的眼鏡蛇毒

我們其實是眼鏡蛇的同類

尾巴的末端呈扁平狀。
在日本，鰻鱺目的魚類也有一些名為「〇〇海蛇」的種類，常讓日本人感到混淆。
偶爾會上岸喝溪水，或是水坑中的淡水。
大多數的海蛇是直接在水中「生小蛇」，但是闊帶青斑海蛇卻會在海岸的岩石處「產卵」。

- 分類：爬蟲綱・有鱗目・眼鏡蛇科
- 大小：全長 70 ～ 150 公分
- 分布：從鹿兒島到菲律賓、印尼的沿海地區
- 食物：魚類

毒性等級 ☠☠☠

問你們喔，哪一邊是頭呢？小心，猜錯可能會被咬喔！

海蛇是擅長游泳的蛇類，大多數生活在海中。牠們的尾巴末端已經變成扁平的尾鰭狀，是追逐魚類捕食的獵食者。

不僅如此，牠們還是**擁有劇毒的眼鏡蛇的同類**，所以在沖繩海域生活的闊帶青斑海蛇也具有危險的毒性，而且這種毒還是會讓身體麻痺的「神經毒素」，即使被咬，也不太會感覺到疼痛。但是**牠們的毒性其實比陸上的琉球蝮還要強，只要12毫克，就足以殺死一個成人**。

不過闊帶青斑海蛇生性溫和，即使**在海中遇到，只要不去觸碰，就不會主動攻擊**。儘管牠們全長超過1公尺，但是因為嘴巴小，所以很少發生人類被咬傷的事件。

蛇類的毒液是由蛋白質所構成的，蛋白質加熱後會因為「性質改變」而失去毒性。所以沖繩居民傳統上會將闊帶青斑海蛇當作食物來食用。當闊帶青斑海蛇為了產卵而上岸時，人們就會趁機徒手捕捉。不過一旦被咬的話，致死率通常會超過六成，所以外行人模仿捕蛇高手抓蛇其實是一種自殺行為。

有些海蛇專門以魚卵為食，不過這類海蛇通常已經失去毒性※。因此海蛇的毒液主要是用來讓想要獵捉的魚失去行動能力，在防禦上幾乎沒有多大的作用。

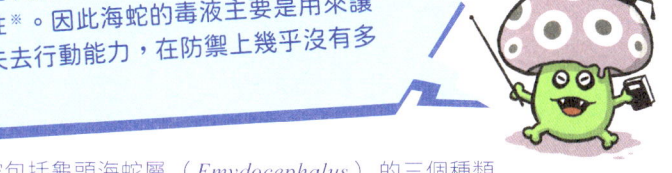

※ 此類海蛇包括龜頭海蛇屬（*Emydocephalus*）的三個種類

Protobothrops flavoviridis

琉球蝮

攻 守

會溶解肌肉的毒

我住在日本，帶有劇毒喔！

毒液注入之後會開始溶解肌肉，因此傷口會呈凹陷狀。

在沖繩島上連都市的住宅區也會看到牠們的蹤影。

屬於「前牙類」的毒牙位在口腔前方，呈管狀。

對於抗蛇毒血清可能會出現過敏反應。

分類：爬蟲綱・有鱗目・蝮蛇科

大小：全長 100 ～ 240 公分

分布：奄美群島、沖繩群島

食物：鳥類、老鼠、蜥蜴等

毒性等級

一旦被咬，就要馬上去醫院！要是看到牠，最好立刻離開現場。

日本本州、四國及九州的毒蛇只有日本蝮蛇（*Gloydius blomhoffii*）和虎斑槽頸蛇（*Rhabdophis tigrinus*），但在奄美、沖繩等琉球群島除了海蛇，還有8種毒蛇。其中**體型最大而且最危險的就是琉球蝮（黃綠琉球蝮）**。

琉球蝮是日本體型最大的毒蛇※，最長可達2.4公尺。毒性強度雖然不到日本蝮蛇的一半，但是**體型龐大，所以毒液量非常豐富，約日本蝮蛇的10倍（100～300毫克）**。加上毒牙長，毒液能夠充分注入，**只要咬下一口，就能注入⅓左右的毒量**。

自古以來人們飽受琉球蝮的襲擊，明治時代每年都會有將近30名的受害者因為被琉球蝮咬傷而喪生，因此從江戶時代開始，人們就開始積極撲殺琉球蝮。

※日本最大的蛇是沖繩的無毒蛇——黑眉錦蛇（*Elaphe taeniura schmackeri*）。

琉球蝮的毒性屬於「血毒素」，毒液進入體內後會破壞血管和肌肉等組織。不過，位於琉球蝮棲息地的醫院通常都備有「琉球蝮咬傷的治療藥物（抗蛇毒血清）」，所以被咬時一定要盡快就醫。多虧有抗蛇毒血清，2000 年以後就沒有人因為被琉球蝮咬傷而死亡，但若延遲治療，還是有可能會留下後遺症。

明治時代的人為了減少被琉球蝮咬傷的意外發生，特地引進據說會吃毒蛇的印度小貓鼬（*Urva auropunctata*），並將牠們放養在沖繩和奄美島上。但是這些小貓鼬非但不吃琉球蝮，反而捕食島上的琉球秧雞（*Gallirallus okinawae*）和奄美黑兔（*Pentalagus furnessi*）等特有種動物，讓這項計劃以失敗告終。

Rhabdophis tigrinus

虎斑槽頸蛇

攻 守

兩種不同作用的毒

讓我來利用你的毒吧！

人類被咬致死的案例在過去 50 年來只有 5 例。

虎斑槽頸蛇若是生活在沒有蟾蜍的地區，體內的頸腺毒素就會消失。

毒牙的長度只有 2 公釐，而且還不是管狀的。

分類：爬蟲綱・有鱗目・黃頷蛇科

大小：全長 70 ～ 150 公分

分布：本州、四國、九州等地

食物：蟾蜍

毒性等級

我可是毒素界的雙刃高手，攻守兼備，完美無缺。

長久以來，人們一直以為虎斑槽頸蛇沒有毒性。其實這是因為牠們的毒牙非常小，又位於口腔深處，所以**幾乎沒有人因為被虎斑槽頸蛇咬傷而死亡**。

毒牙位於口腔後方的蛇屬於「後溝牙類」。這樣的毒牙**在保護自己免受掠食者侵害時，雖然作用不大，但在進食的時候卻能發揮作用**。而虎斑槽頸蛇在吞食獵物的過程中，通常會順便注入毒液，讓獵物失去抵抗能力，以便進食。

除此之外，虎斑槽頸蛇還有**另外一種毒**，那就是位於頸部到背部的「頸腺」毒素。這種毒不是自身產生的，而是**從主要食物，也就是從蟾蜍體內攝取的**。當虎斑槽頸蛇的頸部因為遭到敵人攻擊而受傷時，傷口就會噴出霧狀的毒液，驅趕敵人。

除了有用來咬住獵物的毒牙以外，還擁有防禦用毒液的蛇類非常罕見，目前只知道虎斑槽頸蛇及其親戚有這種特性。不過這種毒液若是噴到眼睛會非常危險，所以最好不要隨便捕捉牠們。

另外，頸腺毒液的來源不僅限於蟾蜍，中國的螭吻頸槽蛇（*Rhabdophis chiwen*）還會食用螢火蟲的幼蟲，並且將吸收的毒素囤積在體內。

虎斑槽頸蛇屬於黃頷蛇科。黃頷蛇科的蛇有些有毒，有些沒毒，但是擁有毒牙的全都屬於後溝牙類。這是因為牠們的祖先偶然在喉嚨深處演化出毒牙，因此後代才會繼承相同類型的毒牙。

Rhinella marina

海蟾蜍

從耳朵發射的毒

守

我會從耳朵噴出毒喔！

牙齒一顆也沒有，蟲子是用吞的。

蛋和蝌蚪也有毒。

全身上下的皮膚也有毒。

分類：兩棲綱・無尾目・蟾蜍科

大小：全長 10 ～ 15 公分

分布：北美洲南部、南美洲 ※日本等地也有引進。

食物：昆蟲和鼠婦

毒性等級 ☠☠☠

（毒液噴射！）唉呀，真是抱歉。誰叫你要亂咬我。

海蟾蜍是世界上體型最大的蟾蜍。普通大小的個體與日本蟾蜍（*Bufo japonicus*）相差不大，但最大的體長可達24.1公分，體重也有1.36公斤。這樣的體型，超過最大隻的日本蟾蜍兩倍。

蟾蜍的同類在**耳朵後面有一個隆起的部位（耳後腺）**，這裡**會滲出白色的毒液，稱為「蟾蜍毒素（bufotoxin）」**，味道不僅非常苦澀，還是一種**會影響心臟功能、效力非常強烈的「神經毒素」**。

海蟾蜍的耳後腺相當飽滿，代表毒量非常豐富。只要用力按壓牠們的耳後腺，毒液就會猛烈的噴出來。若是被狗咬住，**耳後腺的毒液會在口中噴出，狗就會因此而喪生**。

日本蟾蜍的耳朵後方也有隆起的部位，同樣能分泌白色毒液，不過毒性沒有海蟾蜍那麼強烈，毒量也比較少。話雖如此，牠們的毒液成分因為與海蟾蜍相似，所以還是盡量不要用力抓牠們，以免擠出毒液。觸摸之後如果沒有洗手，也不要直接揉眼睛，更不要剝皮食用。一旦碰到，千萬要小心。

沖繩和小笠原群島為了驅除蔗田裡的害蟲而引進了海蟾蜍，但是卻讓牠們在沒有天敵的環境之下過度繁殖，不僅成為了一種害蟲，還威脅到島上的特有種生物，造成生態問題。此外，西表山貓（*Prionailurus bengalensis iriomotensis*）和大冠鷲（*Spilornis cheela*）等動物還可能因為食用海蟾蜍而死亡。

Phyllobates terribilis

金色箭毒蛙

守

擁有脊椎動物中最強的毒

我們這個青蛙家族的身體顏色也很酷呢！

原住民在製作毒箭時，會用火烤蛙的方式取出毒素。

有些箭毒蛙的卵孵化出蝌蚪後，父母會讓牠們趴在背上，然後再帶到水坑裡去。

鮮豔的黃色身體是用來展示毒性的「警戒色」。

分類：兩棲綱・無尾目・箭毒蛙科

大小：全長 5 ～ 6 公分

分布：哥倫比亞

食物：昆蟲

毒性等級

這個顏色很美吧？這可是避免不必要的爭鬥、充滿智慧的生活象徵呢。

金色箭毒蛙的體型只比樹蛙稍微大一點，但卻擁有**脊椎動物中最強的毒素「箭毒蛙鹼」**（Batrachotoxin）。雖然一隻蛙體內只有1毫克的毒素，但是**這個量卻足以殺死10個成人**。

這種毒素並**不是在體內自行形成，而是食用節肢動物時攝取而來的**。至於是哪些有毒的節肢動物還尚未明確，有可能是螞蟻或擬花螢科（Melyridae）的昆蟲等。

金色箭毒蛙在水族館或寵物店也會看到，但是因**飼養時餵食的是無毒昆蟲，所以這些蛙要不是沒有毒性，就是毒性極弱**。不過要確認牠們是否有毒並不容易，所以最好不要直接觸摸。

金色箭毒蛙是箭毒蛙的一種。之所以取這個名稱，是因為中南美洲的原住民通常會利用這些蛙的毒素來製作毒箭。只要將這種毒素塗抹在吹箭的前端，即使只是輕微刮傷，也能讓獵物斃命。

箭毒蛙的家族成員都是從皮膚分泌毒素，但是物種不同，分泌的毒素成分也會隨之而異。當中帶有劇毒的，是金色箭毒蛙等數種。

牠們會以鮮豔的顏色來宣示自己帶有劇毒，所以大多會在白天活動，因為這樣會更加醒目。然而南美洲有些蛇※卻已經演化到對箭毒蛙的毒素免疫，因此金色箭毒蛙也會被這些蛇捕食。

※紅光蛇（*Erythrolamprus epinephalus*）。

Corythomantis greening

格林寧樹蟾

守

從頭槌分泌的毒

哎呀！我的頭怎麼這麼多刺？

頭骨
從鼻尖到眼睛周圍有許多骨刺排列。
是生活在樹上的雨蛙親戚。
骨刺會藏在皮膚底下，所以平常看不見。

毒性等級 ☠☠☠

分類：兩棲綱・無尾目・樹蟾科

大小：全長約 8 公分

分布：巴西

食物：昆蟲

我的頭槌攻擊超級有力的！可別惹我喔，否則我不會放過你的！

有毒牙的蛙類是不存在的。基本上，蛙類只有上顎有牙齒，而像蟾蜍這樣的蛙類甚至沒有牙齒，所以毒牙也比較難演化出來。

不過有些蛙類卻會**用身上的刺將毒素注入敵人體內**，那就是格林寧樹蟾。這種蛙的頭骨前部排列著許多細小的骨刺，周圍環繞著「毒腺」。只要**將頭撞向敵人，刺破自己的皮膚，這些骨刺就會插進對方體內，再經由傷口將毒液注入其中**。

這種毒素的毒性，比棲息於同一地區的矛頭蝮（*Bothrops jararaca*）這種擁有劇毒的蛇類強達兩倍。若是不慎被牠們撞到，**即使是小小的傷口，劇烈的疼痛也會長達5個小時，就連成人也會有生命危險**。

毒性強烈的格林寧樹蟾其實是雨蛙的同類。相比之下，日本的雨蛙毒性非常弱，通常觸摸是不會有任何危險的。但如果是用觸摸過雨蛙的手吃零食，或者讓牠們碰到傷口的話，毒素恐會趁機進入體內。要是跑進眼睛裡，還有可能會帶來劇烈疼痛，因此摸過蛙類之後一定要洗手。

蛙類的毒素基本上都是從皮膚滲出的。然而格林寧樹蟾與布魯諾盔頭蛙（*Aparasphenodon brunoi*）這兩種蛙卻演化出用頭上的骨刺刺傷對方、注入毒液的能力。遇到威脅就會用頭槌反擊的行為，在蛙類中可是非常罕見呢。

Cynops pyrrhogaster

赤腹蠑螈

守

用肚子展露的毒

你有看到我肚子的顏色嘛～

尾巴或腳就算被扯斷，過一段時間還是會重新生長，就連骨頭也是。

快要被抓住時身體會往後仰，露出紅色的肚子。

以前的人會把牠們烤得黑黑的，把「黑烤蠑螈」當作「迷藥」來販售。

分類：兩棲綱・有尾目・蠑螈科

大小：全長 8 ～ 13 公分

分布：本州、四國、九州

食物：昆蟲和蚯蚓

毒性等級

我可是有毒的！很危險喔！所以不能吃我！

兩棲類的生物可以透過皮膚呼吸，因此會分泌黏液，好讓皮膚表面保持濕潤。此外，這種黏液還具有殺菌效果，能保護身體免受疾病侵襲。因此**所有的兩棲類多少都被認為具有毒性**。

在有尾巴的兩棲類（有尾目）當中，毒性特別強的是蠑螈類。生活在日本的赤腹蠑螈肚子上有紅色花紋，是用來**展示毒性的「警戒色」**。雖然牠們的背部是非常樸素、不易被發現的顏色，但**當面臨被捕食的危險時，赤腹蠑螈就會露出腹部，向敵人展示毒性**。

赤腹蠑螈的毒素與河豚相同，都是名為「河豚毒素」的劇毒。不過赤腹蠑螈所擁有的毒量非常少，人類即使食用，也不至於會致命。

蠑螈家族中毒性最強的是加州蠑螈（*Taricha torosa*）。這種蠑螈的毒性之所以會變得如此強烈，是受到天敵束帶蛇的影響演化而來的。這屬的蛇對河豚毒素具有「抗性」，能夠承受一定劑量的毒素。因此住在同一地區的蠑螈必須具備更強的毒素才能抵抗牠們，所以擁有的毒性才會變得越來越強。

赤腹蠑螈的毒素並不是在自己的體內產生的，而是從食物中吸收之後儲存在體內而來的。雖然不清楚牠們是從哪些生物身上攝取毒素，但據推測，應該是慢慢累積而來的。

專欄

對抗毒素

對毒素有抵抗力的動物

擁有毒性的生物並不是天下無敵，因為有些生物會演化出對毒素的抵抗力（抗性）。有毒的植物雖然不少，但不管是哪種植物，總有動物會去吃。

例如，鳥翼鳳蝶（*Ornithoptera*）的幼蟲只吃馬兜鈴科（Aristolochiaceae）的葉子，但是這種植物對脊椎動物來說是有毒的。此外，鳥翼鳳蝶的幼蟲不僅以馬兜鈴為食，還會將這個毒素儲存在體內。因此，成蟲的體內也有毒，而且幾乎沒有鳥類想要去襲擊牠們。但是對某些蜘蛛和特定的鳥類來說，這種毒素並不會發揮作用，所以即使是攝取毒素的鳥翼鳳蝶，也不能號稱天下無敵。

另外，蜜獾（*Mellivora capensis*）這種鼬科動物對蛇毒也有很強的抗性，因此牠們會積極地吃毒蛇，但這並不代表吸收到體內的毒素完全無效。要是被帶有劇毒的蛇咬傷，還是有可能會暫時失去意識或行動遲緩。儘管如此，牠們並不會因此而中毒死亡，只要稍作休息，就能恢復活力。這種對蛇毒的抗性在獴、刺蝟及負鼠（Didelphidae）等動物身上也能觀察到，並被認為是各自獨立演化而來的。

歌利亞鳥翼鳳蝶

擁有和鳥類一樣巨大的翅膀，是世界上體型最大的蝴蝶。幼蟲會食用有毒的馬兜鈴葉，不過成蟲則是吸食各種花的花蜜。

蜜獾

有時會捕食毒性堪稱最高等級的黑曼巴蛇（*Dendroaspis polylepis*）。再加上皮膚非常厚，就算被蜂或蠍子螫也不會怎樣。

狐獴

對蛇毒有抗性的獴類。對蠍子的毒素也有抗性，而且還經常捕食。

被毒蛇咬了該怎麼辦？

人類被毒蛇咬傷之後若不即時處理，生命就有可能會陷入危險之中。在日本，每年約有一千人被毒蛇咬傷，但死亡案例卻只有幾個，這是因為「抗蛇毒血清」發揮了作用。

如果被毒蛇咬到，毒液就會在30分鐘到1小時內擴散到全身，因此在這之前趕去就醫是件非常重要的事。

蛇毒的特效藥「抗蛇毒血清」，是將效力減弱的毒素多次注入馬之類的動物體內，讓動物產生對毒素的「抗體」，再從產生抗體的動物血液中取出含有抗體的部分，這就是血清。只要將這種抗蛇毒血清注射到人體內，就可以與血液中的毒素結合，進而減弱毒素發揮的作用。

不過，製作抗蛇毒血清需要時間，所以無法大量生產，而且也不是每家醫院都會準備。此外，抗蛇毒血清並

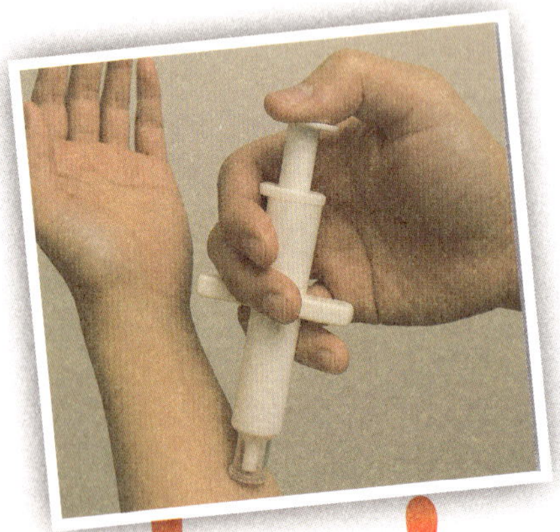

毒液抽取器

從傷口吸出毒液的工具。雖然無法將毒液全部抽出，但在減少進入體內的毒量這方面還是能發揮作用。

不是對所有毒素都有效，需要根據毒素的種類來製作。因此擁有抗蛇毒血清的動物種類其實相當有限，而且在日本製造的血清大多針對蝮蛇和琉球蝮，其他的就只有虎斑槽頸蛇的抗蛇毒血清了。

另外，外國生產的抗蛇毒血清是進口品，通常只有飼養毒蛇的機構才會準備。因此要是被私人飼養的毒蛇咬傷，那就有可能無法及時治療。

而像河豚及蘑菇這類食用後會中毒的食物，則無法製造血清。

日本蝮蛇

在日本，超過 90% 的毒蛇咬傷意外都是蝮蛇造成的。

毒

第三章

昆蟲・蜘蛛・蜈蚣的

這章要介紹在陸地活動的節肢動物，也就是我們一般所說的「蟲子」。這類生物可能會讓人覺得很多都帶有毒性。但就整體來看，會對人類造成危險的其實只有一小部分。

Megalopyge opercularis

南方絨蛾

守

潛藏在柔軟毛中的毒

柔軟的毛裡藏著可～怕的毒

要是被刺進好幾根毒毛，極有可能會引起噁心或痙攣。

有一些寄生的蒼蠅會在這種蛾的幼蟲上產卵。

不管是南方絨蛾還是黃刺蛾（*Monema flavescens*），成蟲都沒有毒性。

- 分類：昆蟲綱・鱗翅目・絨蛾科
- 大小：翅膀展開的長度 2.4 ～ 3.6 公分
- 分布：北美東南部
- 食物：幼蟲以榆樹及橡樹的葉子為食，成蟲則不進食

毒性等級

喵喵喵！我是不是長得跟貓咪一樣可愛呢？可以摸摸我嗎？

蛾的幼蟲分為光滑無毛的幼蟲和有毛的毛毛蟲。許多人以為只要一碰到毛毛蟲，就會引起過敏反應。其實擁有毒毛的毛毛蟲並不多。

在這些毛毛蟲當中，毒素堪稱最高等級的是南方絨蛾。牠們毛茸茸的樣子很可愛，可能會讓人想摸摸看，但是**這些長毛裡頭藏有細小的毒毛，一旦刺入皮膚，就會引起紅腫。**

牠們的毛非常細，即使刺進皮膚裡，也不會有刺痛的感覺。然而這些細毛的內部構造卻如同中空的針筒，一旦刺進去，毒液就會跟著注入體內。而且**這些毒毛非常容易脫落，只要一觸碰，就會沾上好幾根，不知不覺之間，就深深刺進皮膚裡。**

日本也有與南方絨蛾近似的蛾類（同屬斑蛾總科），那就是黃刺蛾。黃刺蛾的幼蟲沒有柔軟的毛，但擁有和仙人掌一樣銳利的刺。刺蛾的「刺」，所指的就是「尖刺」。只要一碰到黃刺蛾的幼蟲，這些尖刺會注入毒素，讓人瞬間感到麻痺般的疼痛，而且這股強烈的疼痛還會持續一段時間。要是看到黃刺蛾的幼蟲，一定要特別小心。

雖然大多數毛毛蟲觸碰時並不會有什麼危險，但如果不確定是什麼種類，還是盡量不要亂碰。在日本需要特別留意的毛毛蟲有：黃刺蛾、黃毒蛾以及枯葉蛾這三類※。其中，黃毒蛾與枯葉蛾的「毛（毒毛）」和黃刺蛾不同，非常細密，數量也是多得驚人。

※ 有些毒蛾和枯葉蛾是沒有毒性的。

Agriosphodrus dohrni

度氏暴獵蝽

太厲害了！絕招竟然是刺入毒液？

攻 守

刺入口器注射的毒

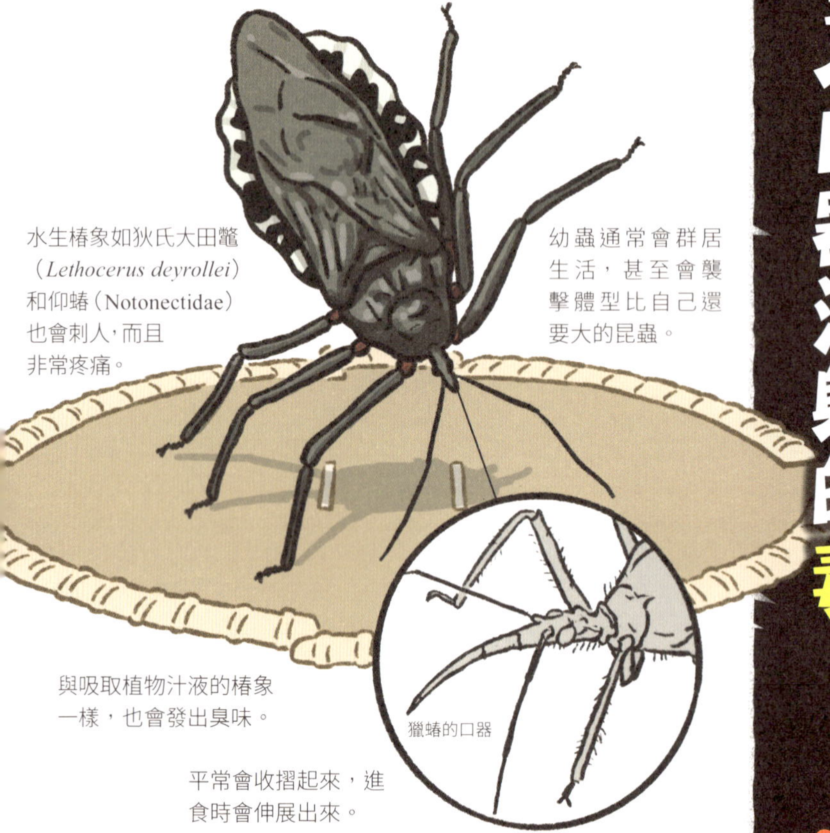
水生椿象如狄氏大田鱉（*Lethocerus deyrollei*）和仰蝽（Notonectidae）也會刺人，而且非常疼痛。
幼蟲通常會群居生活，甚至會襲擊體型比自己還要大的昆蟲。
與吸取植物汁液的椿象一樣，也會發出臭味。
獵蝽的口器
平常會收摺起來，進食時會伸展出來。

分類	昆蟲綱・半翅目・獵蝽科
大小	體長 16 ～ 24 公釐
分布	東亞、東南亞
食物	昆蟲

毒性等級

獵蝽是以口器刺人的椿象，也就是「刺蝽」。椿象類的口器前端呈尖細的吸管狀，像紅尾碧蝽（*Palomena prasina*）和盾背蝽（Scutelleridae）等椿象就是用這樣的口器吸食植物汁液。

不過肉食性的獵蝽卻會將口器刺入獵物的體內，**把消化液從嘴裡注入獵物體內之後，再吸食已經變成液體的獵物**。更厲害的是，牠們的消化液裡還含有能**讓獵物失去抵抗能力的毒素**。

要是試圖捕捉度氏暴獵蝽，就算是人類也會被刺傷。光是被尖銳的口器刺到就已經很痛了，要是再被注入消化液和毒液，恐怕會讓人痛不欲生，因為這種疼痛可以持續相當久，而且**又痛又癢的感覺還可能持續超過一週**。

度氏暴獵蝽是日本體型最大的獵蝽，春天常見牠們聚集在公園的樹幹上。不管是幼蟲還是成蟲，都有黑白相間的斑紋，但是剛蛻皮的時候全身是鮮紅色的。但令人感到不可思議的是，蛻皮之後身體明明處於最為柔軟脆弱的狀態，但是牠們的顏色卻如此顯眼，這麼做或許是為了讓鳥類等天敵保持警惕吧。

蟬與廣翅蠟蟬（Ricaniidae）是椿象的親戚，口器形狀像針。雖然是吸食植物汁液的昆蟲，偶爾也會叮咬人類。但這並不是攻擊行為，而是誤將人類的皮膚當成植物的莖或枝，試圖吸取汁液才這樣的。對了，牠們沒有毒性，所以不用擔心喔。

Onychocerus albitarsis

白足蠍天牛

守

從觸角尖端分泌的毒

全副武裝的毒針觸角！

這種毒素據說是將幼蟲時期攝取的有毒樹液儲存在體內而來的。
毒液儲存在毒針根部膨脹的地方。
所有生物中能從觸角分泌毒素的，就只有白足蠍天牛這種昆蟲。
天牛擁有堅固的大顎，通常會靠咬合來保護自己。

分類：昆蟲綱・鞘翅目・天牛科

大小：體長 2 公分

分布：南美

食物：植物。

毒性等級 ☠

噹噹！這個觸角有毒，而且很少見喔！什麼？你也想要？

觸角對昆蟲來說是一個重要的感官器官，不僅能感知氣味，有些還能感受聲音、空氣的流動、溫度與濕度。

天牛的觸角不僅長，還相當粗壯結實。這有可能是**因為在尋找交配伴侶或可當作食物的植物時，觸角扮演著極為重要的角色而形成的**。牠們的複眼非常大，對光線雖然敏感，但據說視力不是非常好。

有一種天牛會將如此重要的觸角改造成毒針來使用，那就是白足蠍天牛。蠍天牛類的觸角頂端和針尖一樣銳利，若是受到鳥類等天敵攻擊，就會反擊刺傷對方。然而在這個類別中，就只有**白足蠍天牛會從觸角的頂端分泌毒液，是獨一無二的昆蟲**。

觸角的頂端會彎曲成為尖銳的針狀，較為膨脹的部分裡儲存著毒液。事實上，人們是在 2005 年才發現這個部分是毒針，在這之前一直以為牠們只是單純用尖銳的觸角刺人。

不過牠們的毒似乎不太強烈，被刺的時候雖然會立刻感到一陣劇痛，但之後只會皮膚發紅，並有一段時間會感覺癢。

為何只有這種昆蟲會演化出這樣的防禦機制至今仍是個謎，不過天牛觸角粗壯這一點有可能是重要因素。而另外一個說法，就是雄性的天牛為了與異性相遇，會從觸角釋放出吸引對方的「氣味（費洛蒙）」，後來這種機制被轉化成用來分泌毒素。

Xanthochroa waterhousei

青擬天牛

守

從柔軟身體釋放的毒

如果不對我好一點，我就賞你一些毒液！

即使只是輕輕用手拍掉衣物上的蟲，也會把牠壓扁。
褐毒隱翅蟲
就算沒有被壓扁，受到刺激的時候也會分泌黃色毒液。
體色是橘色搭配綠色的「警戒色」。
卵和幼蟲也有相同的毒性。

分類：昆蟲綱・鞘翅目・擬天牛科

大小：體長 11 ～ 15 公釐

分布：日本、庫頁島、朝鮮半島

食物：幼蟲以腐木為食，成蟲以花粉為食。

毒性等級 ☠☠

不要碰我！讓我靜靜地待著，因為我很纖細敏感的。

在夏夜裡尋找獨角仙或鍬形蟲的時候，只要環顧四周的燈光，通常會遇到一種危險的昆蟲，那是青擬天牛。

擬天牛不是天牛，但同屬甲蟲類。與大多數甲蟲不同的是，擬天牛的翅膀和身體非常柔軟，輕輕一捏就會被壓扁。而且**一旦壓扁，流出的體液裡因為含有一種名為「斑蝥素（cantharidin）」的強烈毒素，若是碰到，情況就會相當麻煩**。

皮膚要是接觸到這種毒液，就會出現類似燒傷的水泡，並且疼痛還會持續一段時間。應該沒有人會想要嚐嚐看這種毒液是什麼滋味吧？告訴大家，斑蝥素的毒性非常強，只要30毫克，就足以致成人於死地。如果**手不慎碰到毒液，千萬不要再去摸眼睛或嘴巴，要立刻沖水洗淨**。

夏夜需要注意的昆蟲還有褐毒隱翅蟲（*Paederus littoralis*）。這種昆蟲的體液沾到皮膚時也會引起水泡，這一點與擬天牛相似。不過褐毒隱翅蟲的毒素是「隱翅蟲素（Pederin）」，症狀通常要過好幾個小時之後才會出現，這是兩者的差異。所以大家一定要好好記住牠們的外型，在使用燈光誘捕獨角仙或鍬形蟲時，一定要特別小心。

斑蝥素這種毒素亦存於有「紅色鍬形蟲」之稱的大紅芫青（*Synhoria maxillosa*）等芫青科（Meloidae）甲蟲身體之中。移動速度非常快的虎甲蟲（Cicindelinae）不是芫青科，而是虎甲科。雖然虎甲蟲沒有毒，但卻有可能會咬人。

北方鋸角螢

Lucidina biplagiata

攻 守

發光警告的毒

不管會不會發光，都是有毒的。

即使吃下一隻螢火蟲，對人體也不會有害，因為毒性很弱。

你不會發光嗎？
紅色與黑色的體色也是一種「警戒色」。
源氏螢

中國蝮吻頸槽蛇的近親會吃螢火蟲的幼蟲來累積毒素。

和源氏螢（*Nipponoluciola cruciata*）一樣，幼蟲時期在水中度過的螢火蟲，全世界有數種。

分類：昆蟲綱・鞘翅目・螢科

大小：體長 7 ～ 12 公釐

分布：日本、庫頁島、朝鮮半島

食物：幼蟲以陸生貝類及蚯蚓為食，成蟲只喝水

毒性等級 ☠

許多人認為螢火蟲主要是在夜裡靠發光來求偶，但其實在日本本土，會發出明亮閃光求偶的，只有源氏螢和平家螢（*Aquatica lateralis*）等少數種類。有不少種類是在白天活動，靠氣味（費洛蒙）找伴侶。**牠們發光微弱，甚至不發光。**

既然如此，那麼螢火蟲的祖先為什麼會開始發光呢？這有可能是為了警告敵人牠們是有毒的，因為**螢火蟲的幼蟲含有某些毒素，鳥類或蝙蝠有時吃了反而會吐出來。**

可是大多數的螢火蟲幼蟲生活在山林的落葉底下，以陸地上的蝸牛及蚯蚓為食。這樣的生活環境相當昏暗，因此鮮豔的「警戒色」其實意義不大。**或許是這個原因，螢火蟲的幼蟲發展出具有警戒功能的發光能力。**

編註：成蟲的發光能力逐漸轉為求偶功能。而白天求偶的種類沒有發光功能，是以警戒色禦敵。

北方鋸角螢的卵、幼蟲、蛹期都會發光，但羽化為成蟲後就幾乎不再發光。可能是因為成蟲大多在白天活動的緣故（身上有可能為警戒色的紅黑配色）。有些螢火蟲的毒素還不是很明確，但是包括北方鋸角螢在內的窗螢（*Pyrocoelia*）則擁有干擾心臟功能的毒素「蟾蜍二烯內酯」（bufadienolide。又稱蟾毒內酯）。而且北方鋸角螢的幼蟲還有可能會使用這種毒素讓獵物失去抵抗能力。（編註：有些種類的螢火蟲則具有螢蟲類蟾蜍毒 lucibufagain）

源氏螢火蟲這種雌雄都需要靠光來溝通的昆蟲，感光的複眼通常會比較大；而像北方鋸角螢這種以氣味為溝通方式的螢火蟲，複眼雖然會比較小，但是用來感知氣味的觸角卻是又長又寬。

Pheropsophus jessoensis

三井寺步行蟲

守 從臀部釋出的高溫毒

從屁股「噗」地噴射毒氣！

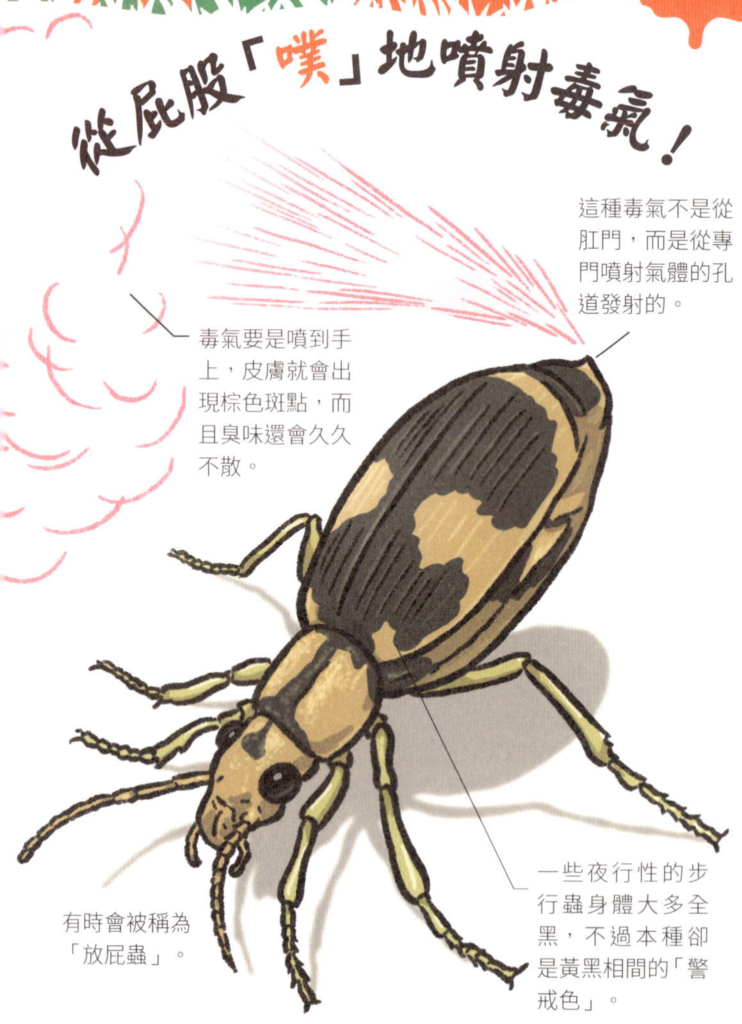

這種毒氣不是從肛門，而是從專門噴射氣體的孔道發射的。

毒氣要是噴到手上，皮膚就會出現棕色斑點，而且臭味還會久久不散。

一些夜行性的步行蟲身體大多全黑，不過本種卻是黃黑相間的「警戒色」。

有時會被稱為「放屁蟲」。

毒性等級 ☠☠

分類：昆蟲綱・鞘翅目・步行蟲科

大小：體長 11 ～ 18 公釐

分布：東亞地區

食物：昆蟲

步行蟲大多是夜間在地面上活動的肉食性甲蟲。據說牠們會捕食聚集在廚餘上的昆蟲，因此日本人又稱牠們為「垃圾蟲」。

有種步行蟲**受到敵人襲擊時會從屁股噴射強力的毒氣，那就是三井寺步行蟲**。牠們的體內儲存著「過氧化氫」（Hydrogen peroxide）和「氫醌」（hydroquinone）這兩種物質，**當遇到敵人攻擊時會同時釋放進一個腔室內，發生化學反應後產生「苯醌」（benzoquinone）這種具有刺激性的毒氣，噴射攻擊**。

不僅如此，**這個毒氣溫度還超過100度**。這是過氧化氫與氫醌所產生的化學反應，而且這種反應還會讓氣體在噴射時，發出和人類放屁一樣的「噗」聲。

三井寺步行蟲噴射的「氫醌」毒性並不高。但是毒氣如果進入眼睛、口中或胃裡，就會造成重大傷害。實驗結果指出，三井寺步行蟲即使被蟾蜍吞食，仍有43%會在2小時內被吐出來。此外，三井寺步行蟲的身體非常堅固，不易消化，有時甚至能完好無損地被吐出來。

「三井寺」是位於滋賀縣的著名寺院，這個名字源自於該寺保存的《放屁合戰》繪卷。從繪卷來看，放屁合戰似乎是一個互相比較放屁威力的競賽。對於這種會噴射高熱氣體的昆蟲來說，真是再貼切也不過的名字了。

專欄

蜂毒的演化

蜂類的祖先大約出現在三億年前。據推測，直到一億年前才出現會建立大型巢穴的社會性蜂類。而在演化的過程中，還出現了擁有毒針的物種。

沒有毒的蜂

葉蜂的同類

黃蜂和蜜蜂有毒針，但是蜂類的共同祖先並沒有毒針。而保留祖先這種特徵的，就是葉蜂類。

葉蜂的腰部不像其他蜂類，有明顯收縮的腰身，也沒有毒針，而且幼蟲的形狀還類似蝴蝶的毛毛蟲，以葉片為食成長。

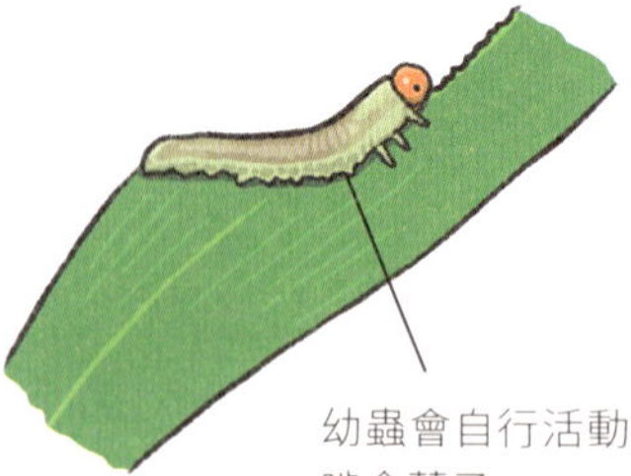

幼蟲會自行活動，啃食葉子。

腰部沒有縮細。

綠帶鋸蜂

分類：膜翅目・廣腰亞目・葉蜂科

大小：體長 13 公釐

分布：北海道、本州、四國、九州

食物：幼蟲以竹葉，成蟲以金花蟲等昆蟲為食

會刺針的蜂

寄生蜂的同類

從葉蜂類演化而來的，是將卵產在其他昆蟲體內的寄生蜂類。從卵孵化的幼蟲會一邊吃寄生的昆蟲一邊成長，然後再從蛹發育為成蟲。

這裡新演化而出的特徵是「細腰」。為了在四處移動的昆蟲身上產卵，擁有纖細的腰部會更方便，因為這樣可以調整角度，將卵產在理想的位置上。

細腰蜂（細腰亞目）是從葉蜂類（廣腰亞目）演化而來的新族群。寄生蜂的幼蟲會在寄生的蟲子還活著時，將其吃掉，再化為蛹。因此幼蟲不需要四處移動，就能茁壯成長。

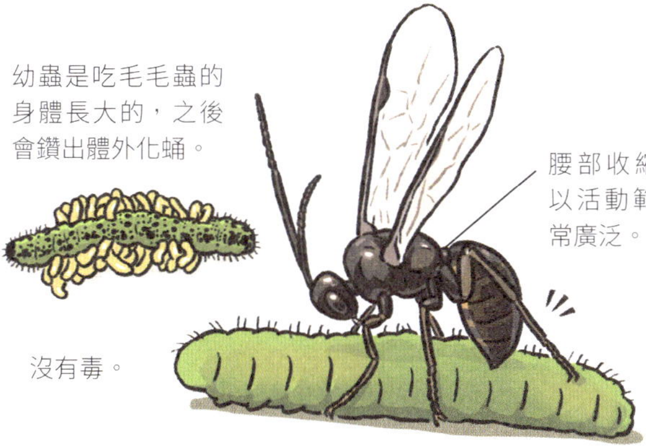

幼蟲是吃毛毛蟲的身體長大的，之後會鑽出體外化蛹。
腰部收縮，所以活動範圍非常廣泛。
沒有毒。
將針刺入毛毛蟲體內產卵。

菜蝶絨繭蜂

分類：膜翅目・細腰亞目・小繭蜂科

大小：體長 3 公釐

分布：歐亞大陸、非洲、北美洲、南美洲、澳州

食物：幼蟲寄生在毛毛蟲（例如紋白蝶的幼蟲）體內，成蟲則以花蜜為食

利用毒液麻痺敵人的蜂

獵蜂的同類

自寄生蜂類演化而來，是為幼蟲儲備食物的獵蜂同類。這個時候蜂類就開始擁有毒針了。

雌性獵蜂會用毒針刺傷獵物，使其失去抵抗能力，這樣就能為即將出生的幼蟲保留食物了。獵蜂的毒具有麻醉效果，因此在幼蟲化蛹之前，大量的獵物都可以繼續存活，但是無法逃脫。

牠們會築起一個「日本酒瓶」形狀的巢穴，而且只產一顆卵，然後在裡面塞滿毛毛蟲。

雌蜂會製作 10 至 20個一樣的巢穴，然後死去。

細腰黑泥壺蜂

分類：膜翅目・細腰亞目・胡蜂科

大小：體長 13 公釐

分布：北海道、本州、四國、九州

食物：幼蟲吃蛾的幼蟲，成蟲則以花蜜為食

用毒來保護巢穴的蜂

具有社會性的蜂類

自寄生蜂類演化而來，會集體育兒的社會性蜂類。社會性蜂類只有蜂后會產卵，其他成員負責築巢、育兒和尋找食物。

會刺傷我們的大多是社會性蜂類，最主要的原因，是牠們肩負著保護重要巢穴的使命。

蜂的毒針是由「產卵管」演化而來的。雄蜂本來就沒有產卵管，所以不會螫人。而會從產卵管尖端分泌毒液的蜂類，通常會從毒針的根部產卵。

只有蜂后會產卵，工蜂不產卵，只負責育兒。

像蜜蜂這種以花蜜和花粉為食的蜂類是不會使用毒液狩獵的。

西洋蜜蜂

分類：膜翅目・細腰亞目・蜜蜂科
大小：體長 15 ～ 20 公釐（蜂后）
分布：歐亞大陸、非洲、北美洲、南美洲、澳洲
食物：花蜜（蜂蜜）及花粉

失去翅膀的蜂

與螞蟻同類

在社會性蜂類中，演化到失去飛行能力的是螞蟻類。除了蟻后和雄蟻之外，其他成蟻終生無翅，許多種類還失去了毒針。

不過螞蟻也以高度的繁殖能力和社會性作為交換，並在世界各地繁榮興盛。結果牠們成為昆蟲中數量最多的族群（科），據估計，地球上約有二京隻（二億隻的一億倍）螞蟻。

帶有毒刺的螞蟻。

被刺傷後疼痛會持續約 24 小時，而且強度不變。

即使把蜂類包括在內，被螫時的疼痛依舊是最高等級。

子彈蟻

分類：膜翅目・細腰亞目・蟻科

大小：體長 2 ～ 3 公分

分布：中美洲、南美洲

食物：昆蟲等

哪種蜂的毒最痛？

施密特痛苦指數

美國昆蟲學家賈斯汀・施密特博士（Justin O. Schmidt）故意讓各種蜂類刺自己，並將疼痛分為四個等級。不過這是用來表達「疼痛的強度」，而非「毒性的強度」。例如，大蛛蜂（Pompilidae）等體長超過6公分的巨型蜂類，因為針粗而且毒液量多，所以感覺到的疼痛會非常強烈。此外，有些蜂的毒性雖然很強，但是疼痛感反而較弱。

蜂毒有時會引發過敏反應。所以即使是疼痛等級為1的蜂，只要體質不同，就有可能引發過敏性休克的危險，所以千萬不要模仿施密特博士故意被刺。

施密特指數範例

等級 4
大蛛蜂
子彈蟻

等級 3
長腳蜂的一種
毛收割家蟻（*Pogonomyrmex*）的一種

等級 2
西方蜜蜂（*Apis mellifera*）
熊蜂的一種

等級 1
小花蜂的一種
紅火蟻

※大部分蜂類屬於等級2。評估的對象僅限於施密特博士被刺過的蜂類，因此日本的大虎頭蜂（*Vespa mandarinia*）等蜂類未被評估。

世界體型最大的蜂。

等級 4 級的蜂

大蛛蜂

這種蜂因為以巨型蜘蛛——狼蛛（Theraphosidae）為獵物，故取名為大蛛蜂。

Ixodidae

蜱蟲

用毒素吸血……
嗯～美味極了

攻

一隻就帶來多次危險的毒

在吸血過程中要是強行拔除，鑷子狀的部分就會殘留在皮膚內。
蜱蟲的口器
螯肢
下唇
觸肢
蜱蟲的毒素含有麻痺疼痛及阻止血液凝固的成分。

蜱蟲的口器有如同剪刀的「螯肢」和宛如鑷子的「下唇」。

※ 蜱蟲是硬蜱科蟲子的總稱，又稱為「壁蝨」數量超過 700 種。

分類：蛛形綱・真蜱目・硬蜱科

大小：體長 2 ～ 8 公釐

分布：全球陸地

食物：哺乳類與鳥類的血液

毒性等級

要是被我纏上，除非吸飽血，否則我是不～會鬆口的！（吸吸）

蜱蟲是以哺乳動物和鳥類的血液為食的節肢動物。不過**蜱蟲的口器形狀像「剪刀＋鑷子」**，而不是像蚊子或跳蚤那樣呈針狀。牠們會用剪刀切開獵物的皮膚，插入鋸齒狀的鑷子之後再慢慢吸血。

蜱蟲吸血需要很長的一段時間，有時就連白天也會連續吸好幾天。之所以能在這麼長的時間內吸血不被獵物發現，是因為蜱蟲從口中注入的毒素具有麻醉效果。

另外，蜱蟲還會從口中分泌出和水泥一樣會變硬的物質，讓自己牢牢地固定在獵物身體上，就算獵物擦拭身體，也不會輕易脫落。**長時間的吸血，讓蜱蟲可以在消化的同時，繼續吸食相當於自身體重100倍的血液**。

有些人會因為蜱蟲的唾液而出現搔癢和腫脹等過敏症狀。這種過敏物質與牛肉或豬肉的成分相似，因此在出現症狀期間若是食用肉類，就有可能會對肉類過敏。

另外，美國和澳洲也發現了在吸血的過程中會分泌「神經毒素」的蜱蟲。要是被這種蜱蟲咬傷，身體可能會麻痺。

蜱蟲的可怕之處並不是只有毒素。牠們在吸血的過程中還可能會傳播病原性的病毒或細菌。其中一些疾病如「發熱伴血小板減少綜合症」（SFTS）和「日本紅斑熱」（Japanese spotted fever）就曾經出現致死案例。近年來由於鹿之類的野生動物經常在人類居住的地方出沒，導致因蜱蟲引起的感染症也隨之增加。

Centruroides sculpturatus

亞利桑那樹皮蠍

攻 守

從尾巴末端分泌的毒

別看我小小的，我的毒可是很劇烈的喔！

蠍子通常會靜靜地待在石頭底下，大約每週進食一次。

雌蠍會將幼蠍背在背上，加以保護。

分類	蛛形綱・蠍目・鉗蠍科
大小	全長 7～8 公分
分布	美國、墨西哥
食物	昆蟲

日本的沖繩和小笠原群島有兩種蠍子，但是毒性非常弱，也不具有攻擊性，所以不需要害怕。不過，被刺的時候還是會感到刺痛，還有可能出現「過敏性休克」之類的過敏症狀，所以最好不要碰牠們。

毒性等級 ☠☠☠

我可是有劇毒的喔～嗯？怎麼感覺好像有人在看我？

沒想到吧！鳥類、蜥蜴等好多動物都會吃蠍子呢。

沙居食蝗鼠（*Onychomys torridus*）

所有的蠍子都有毒，而且毒液會從尾巴末端的細針注射進去。這種毒使用的目的，主要是為了讓昆蟲等獵物失去抵抗能力。蠍子用大螯夾住獵物之後，會用嘴邊的兩支小螯夾（螯肢）慢慢將獵物推入口中。在這種情況下**獵物若是掙扎就會難以進食，因此這個時候毒素就可以派上用場了**。

蠍子的毒素對哺乳類動物效果較弱，而對人類有危險的毒蠍，也只不過佔所有蠍子的1％。**其中一種危險的蠍子，是擁有北美最強毒性的亞利桑那樹皮蠍**。這種蠍子的螯夾雖然纖細，看起來似乎不怎麼強壯，但卻曾發生過讓人類致死的事故。

另一方面，體型最大的帝王蠍（*Pandinus imperator*。又稱「將軍巨蠍」）螯夾雖然粗壯有力，但是毒性卻相當弱。因此有時不用毒液，也能捕食獵物。

亞利桑那樹皮蠍的毒性強度足以殺死人類。不過，沙居食蝗鼠這種老鼠即使被亞利桑那樹皮蠍螫到也不會有任何影響。驚人的是，當牠們被蠍子刺到時，體內竟然可以將毒素轉化為止痛藥。因此，沙居食蝗鼠就算被蠍子螫傷也毫不在意，繼續享受擁有劇毒的蠍子。

Cheiracanthium japonicum

日本紅螯蛛

攻 守

停止動作並溶解的毒

擁有最強毒素的蜘蛛在日本！？

當卵孵化時，幼蛛會將母蛛活生生地溶解之後再食用。
在日本對人類危害最大的毒蜘蛛。
牙〈螯肢〉
雌蛛會用絲線將樹葉捲起來築巢，並在裡頭守護著卵。
蜘蛛的口器

- 分類：蛛形綱・蜘蛛目・紅螯蛛科
- 大小：體長 1～1.5 公分
- 分布：東亞地區
- 食物：昆蟲

毒性等級

好好記住我的樣子，搞不好我就住在你家附近喔！

大多數的蜘蛛都是以昆蟲為食的獵人。蜘蛛會用一對「牙（螯肢）」咬住**獵物，並從牙尖注入毒素，使對方身體無法動彈**。接著再從**注入毒液的孔洞灌入「消化液」，等獵物溶解成糊狀之後再來吸食**。

因為這種進食方式，所有的蜘蛛都具有毒性。但是這種毒素是為了當作捕捉昆蟲的武器而演化的，對我們哺乳動物幾乎沒有影響。**在所有蜘蛛當中，對人體有毒的種類據說僅佔0.1%**。

不過，日本也有一種堪稱擁有最高等級毒素的蜘蛛，那就是日本紅螯蛛。這種小蜘蛛的毒性非常強，**只要0.3毫克就足以致成人於死地**。

日本紅螯蛛的毒素在所有動物中雖然屬於最強等級，但由於體長不過1公分，因此分泌的毒量是不足以殺死人類的。何況牠的牙齒非常小，就算被咬，也僅能勉強刺破人類的皮膚。不過毒素要是進入體內，帶來的疼痛就會非常劇烈，甚至會引起發燒。因此一定要好好記住牠的模樣，看到的時候要小心，千萬不要摸到牠們。

毒性會對人類帶來威脅的蜘蛛，例如會捕食鼠類和鳥類等脊椎動物的大型狼蛛，或是擁有的毒素偶而會對哺乳類發揮作用的黑寡婦蜘蛛（*Latrodectus mactans*）其實數量非常稀少。到目前為止，日本還沒有發生過人類因為被蜘蛛咬而死亡的案例，所以大家不需要過度恐慌。

Typopeltis stimpsonii

奄美鞭蠍

守

氣味臭酸的毒

要不要聞聞看這味道刺鼻的毒呢？

用手抓牠時要小心，可別被毒霧噴到。
屬性比起蠍子，更接近蜘蛛的生物。
與食量少的蠍子相比，通常需要進食大量的昆蟲。

- 分類：蛛形綱・鞭蠍目・鞭蠍科
- 大小：體長 4 ～ 5 公分
- 分布：九州南部、奄美群島等地
- 食物：昆蟲

毒性等級 ☠

我看起來雖然像蠍子，但不是蠍子喔。要是搞錯了，我就讓你嚐嚐我的毒！

鞭蠍的外型雖然像蠍子，但其實不是。牠們生活在世界各地的溫暖地區，在地面上爬行並用螯肢捕捉昆蟲為食的習性與蠍子相同，不過牠們**細長的尾巴尾端並沒有毒針**。

鞭蠍狩獵的時候雖然不會用毒，但卻擁有強而有力的防禦性毒液。那就是**從尾巴根部噴射出如同霧狀的酸臭毒液**。這種毒素的主要成分是「醋酸」。

醋酸是醋汁裡所含的成分，但是含量通常低於5%。然而鞭蠍毒液裡的醋酸含量卻高達80%，**皮膚只要稍微沾到，就會發紅腫脹，要是進入鼻子、嘴巴或眼睛，就會感到灼燒般的疼痛**。

日本本土也有奄美鞭蠍棲息，過去被稱為「放屁蟲（會放屁的蟲子）」。這當然是因為牠們會釋放出臭氣才這麼稱呼。

此外，牠們的英文名字叫做「Vinegaroon」，直接翻譯的意思是「醋蟲」，聽起來很像什麼恐怖怪獸。會取這個名字，是因為牠們會發出像醋（vinegar）一樣的味道。

不過鞭蠍應該不是為了避免敵人襲擊而「擬態」成有毒針的蠍子。對於平常會躲在石頭底下，到了晚上才爬出來捕食昆蟲的牠們來說，這樣的形態在生活上會比較有利，所以這兩者才會演化出相似的外型。

Scolopendra gigantea

秘魯巨蜈蚣

攻 守

從腳爪尖分泌的毒

連老虎也自嘆不如的銳利爪子！

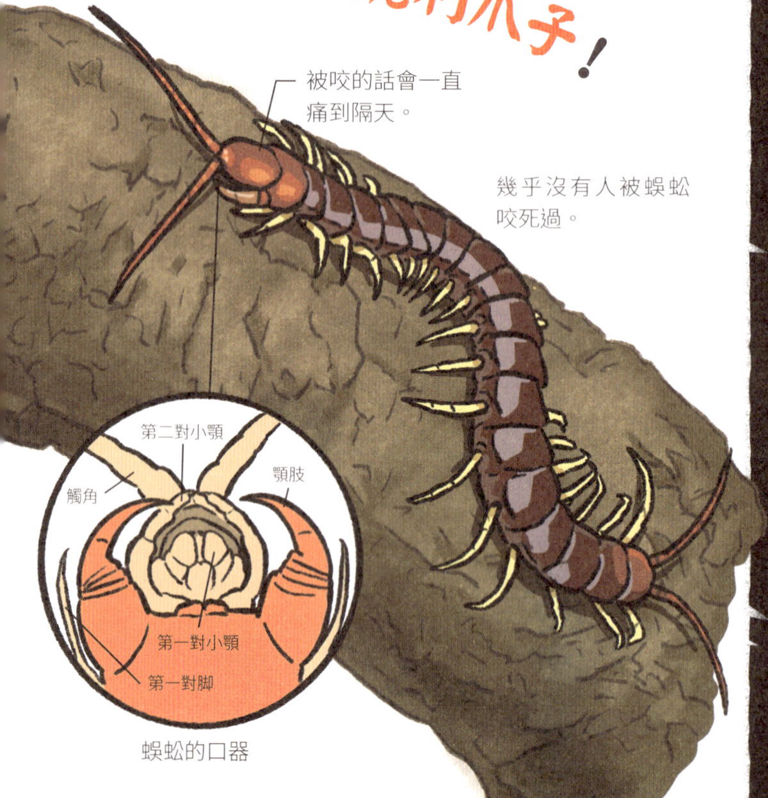

蜈蚣的口器

蜈蚣的毒素只要加熱就會失去毒性，因此被咬的部位可用熱水浸泡。

- 分類：唇足綱・蜈蚣目・蜈蚣科
- 大小：體長 20～40 公分
- 分布：南美洲地區
- 食物：昆蟲、蜥蜴、小鳥

毒性等級

蜈蚣每一節都有一對左右對稱的腳。腳的數量因物種而異，多的甚至會超過一百對，難怪日本人會用「百足」來稱呼牠們。每隻蜈蚣的第一對腳都會變成銳利爪子，稱為「顎肢」或「鉗狀前肢」。**蜈蚣在捕獲到獵物時，通常會用這對腳爪咬住之後再注射毒液**。

「用爪子咬」這種說法雖然奇怪，但這**對爪子的形狀與前方用於進食的「顎（第二對小顎）」的形狀其實是一樣的**。所有的蜈蚣都有毒，不過這對尖銳的爪子，本身就已經是一項強大的武器。

蜈蚣當中經常被稱為擁有最強毒素的是秘魯巨蜈蚣。**牠們的毒素強到只要0.12公克就足以讓人類致死，而且在南美洲還曾發生過一名4歲的小男孩，因為被這種蜈蚣咬傷而喪生的意外**。

秘魯巨蜈蚣不僅具有劇毒，體型在蜈蚣中還屬於最大級別，體長有時甚至會超過40公分。如此龐大的體型，使牠們的獵物不只限於昆蟲。牠們也會捕食蜥蜴、小鳥和蝙蝠等脊椎動物，因此其所擁有的毒對人類來說也很危險。加上牠們的性格具有攻擊性，要是靠近，就會主動襲擊。

住家附近如果有山，少棘蜈蚣（*Scolopendra subspinipes mutilans*）和日本蜈蚣（*Scolopendra subspinipes japonica*）就有可能會跑進家裡來。這種大型蜈蚣的爪子非常長，即使戴著工作手套，也有可能會被咬到，相當危險。加上蜈蚣又喜歡躲在鞋子裡，所以穿鞋的時候也有可能會被咬。

Desmoxytes purpurosea

紅龍馬陸

守

從肢節釋出的毒

嗯！太嚇人的氣味了！

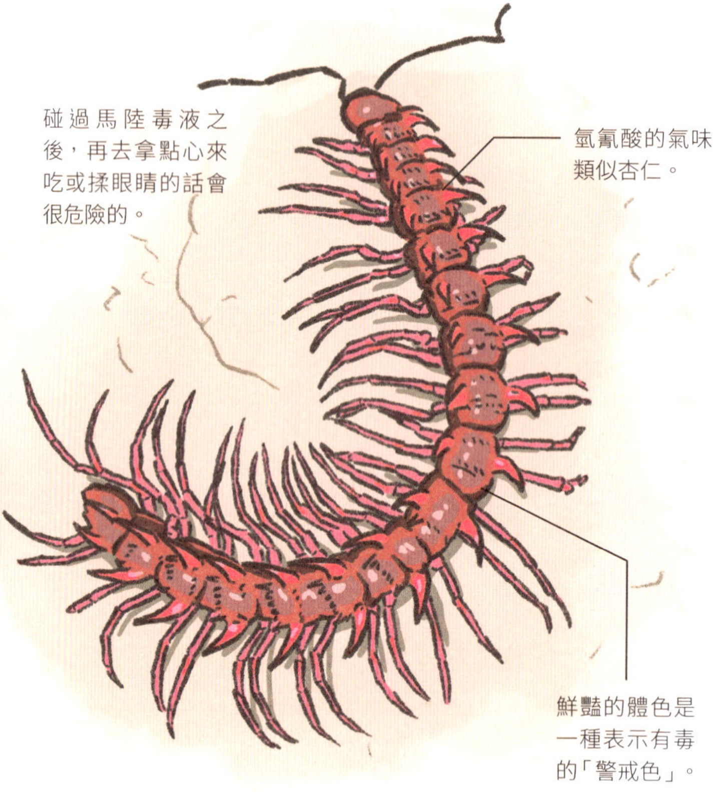

碰過馬陸毒液之後，再去拿點心來吃或揉眼睛的話會很危險的。
氫氰酸的氣味類似杏仁。
鮮豔的體色是一種表示有毒的「警戒色」。

分類：倍足綱・帶馬陸目・奇馬陸科

大小：約 3 公分

分布：泰國西部地區

食物：腐爛的植物等

毒性等級 ☠☠

毒液的香氣太迷人了嗎？不不不，這對你們來說可能會太過刺激。

馬陸是一種與蜈蚣堪稱近親的節肢動物。不過蜈蚣每個節左右各有一隻腳，而馬陸則是各有兩隻腳。因為**腳的數量是蜈蚣的兩倍，所以馬陸的同類又可稱為「倍足類」**。

馬陸與蜈蚣最大的差別之一，就是**沒有用來注射毒液的爪子**。馬陸與肉食性的蜈蚣不同，主要以腐爛的落葉等「腐殖質」為食，因此不需要用爪子來捕捉獵物。

不過，馬陸也並不是完全沒有毒性。牠們會**從每節身體之間釋放出有強烈氣味的液體**。這是一種用來防禦的毒素。當受到鳥類等動物攻擊時，只要釋放這種毒素，即使在最糟糕的情況之下被**吞進嘴裡，還是有可能因為這股氣味或刺激而被吐出來**。

馬陸的毒性並不強，但是龍馬陸（*Desmoxytes*）的同類卻擁有非常可怕的毒素。當中的紅龍馬陸甚至以鮮豔的體色來警示其所擁有的毒性。龍馬陸的毒名為「氫氰酸」（Hydrogen cyanide），是一種以容易揮發為特性的劇毒。因此只要聞到這種馬陸的氣味，毒素就有可能會進入體內，相當危險。

在公園等地方翻開較大的石頭時，通常會發現馬陸的同類。牠們的外表看起來或許有些嚇人，但是日本的馬陸都是無害的，所以觸摸也無妨。不過國外的馬陸有時帶有劇毒，所以最好不要隨便觸摸。

以毒自衛的生物

警戒色

大家看到色彩或花紋鮮明的動物時，是否曾經直覺認為牠們可能帶有毒呢？動物不管是在捕捉獵物，還是躲避天敵，通常不顯眼才有利，但是牠們為什麼要特地引人注目呢？這是有原因的。如果擁有強烈的毒性，顯眼一點反而會比較好，因為這樣可減少被誤認為無毒動物而被吃掉的機率。

這種顯示毒性的顏色稱為「警戒色」。有毒的生物會因為鮮豔的顏色而更容易存活下來，所以才會在這段漫長的演化歷程中漸漸地發展出更加明顯的警戒色。

例如，鐵路平交道的黃黑相間條紋，就是許多蜂類的熱門警戒色。此外，瓢蟲同類通常也會帶有輕微的毒素，即使被鳥吃掉，也有可能因為被吐出而倖存。因此，瓢蟲的圓點圖案也可視為是一種警戒色。此外，其他如箭毒蛙類及海蛞蝓類，也有不少具有鮮豔警戒色的成員。

但即使顏色鮮豔，也未必有毒。有些雄鳥的羽毛顏色非常華麗，不過那是為了吸引雌鳥，而不是警戒色。相反地，也有像玫瑰毒鮋這類帶有劇毒，但卻會故意躲藏起來的物種，因此光憑外表華麗與否來判斷是否有毒，其實是很危險的。

擁有警戒色的生物

七星瓢蟲

異色瓢蟲

昆氏多彩海蛞蝓

節慶高澤海蛞蝓

染色箭毒蛙

迷彩箭毒蛙

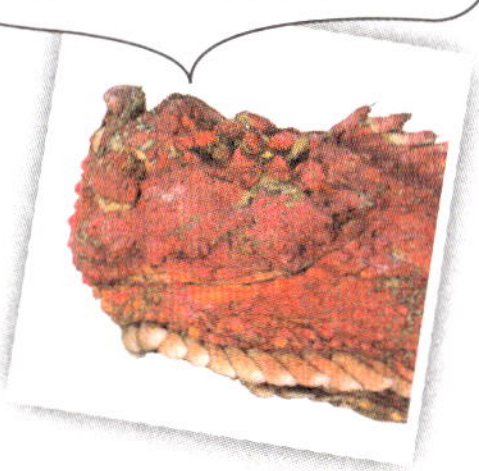

雖然和岩石一樣不起眼，但我可是帶有劇毒的喔！

玫瑰毒鮋

我有鮮豔的色彩是為了吸引雌鳥。

鴛鴦

穆氏擬態與貝氏擬態

「擬態」是指「模仿其他生物的外觀」。而有毒生物之間外貌彼此相似的情況稱為「穆氏擬態（Mullerian mimicry）」。例如，不少帶有毒刺的蜂類外觀都是相同的黃黑條紋。當採行穆氏擬態的生物變多，這種顏色和花紋對捕食者的警示效果就會增強，因此雙方都能受益。

穆氏擬態

蜜蜂
（東方蜜蜂）

土蜂科
（長腹土蜂）

虎頭蜂
（日本黃蜂）

這些都有毒刺。

另一方面，有些生物原本沒有毒，但卻演化出與有毒生物相似的外觀，這叫做「貝氏擬態（Batesian mimicry）」。有些虻、蛾類及天牛科昆蟲身上的黃黑色條紋與蜂類非常相似。即使沒有毒，也會被誤認為有毒而不易受到攻擊，可見更具誤導性的形態通常可以讓生物得以倖存，所以才會演化出如此相似的模樣。

不過，採用貝式擬態的生物數量若是過多，有毒的宣傳效果就會降低。因此採用這種擬態的生物數量並不多。

貝氏擬態

虻

（大斑胸蚜蠅）

天牛

（大虎天牛）

蛾

（斯氏興透翅蛾）

這些都沒有毒。

毒

這一章介紹的是硬骨魚類和軟骨魚類。有些魚類會利用有毒的刺來保護自己，有些則是在體內擁有毒素，但是並沒有經由咬的方式來注入毒液的魚類。此外，在可食用的魚類當中，也有一些帶有意想不到的毒素。

第四章

魚類的

Synanceia verrucosa

玫瑰毒鮋

守

魚類中最可怕的刺毒

你找得到我嗎？

背鰭、臀鰭、腹鰭上的毒刺超過 10 根。

肉沒有毒，吃起來非常美味。

被刺到的時候疼痛程度也是最高等級。

分類：條鰭魚綱 ・鮋形目・毒鮋科

大小：全長 30 ～ 40 公分

分布：印度洋到西太平洋的珊瑚礁區

食物：魚、蝦

毒性等級

潛藏在這個世界的「毒」，搞不好大半都是肉眼看不見的喔。

石狗公（鮋亞目 Scorpaenoidei）有不少同類的鰭部擁有堅硬而且銳利的刺。當中的玫瑰毒鮋背鰭上的刺又粗又尖，還有深深的溝槽。這些**刺的周圍有充滿毒液的「毒腺」，只要敵人被刺到，毒液就會沿著溝槽注入其中。**

玫瑰毒鮋的毒液**在魚類中屬於毒性最強的「刺毒※」。要是不幸被刺到，就算是人類，也有可能因為休克而死亡，威力極強。**不僅如此，其所帶來的疼痛還非常強烈，如果在海裡被刺到，極有可能會因此溺水。

玫瑰毒鮋基本上不會主動刺人，因為牠們通常不會四處移動。但是如果不小心踩到牠們，**粗大的毒刺可是會輕易穿透沙灘鞋，是種非常危險的魚類。**

※刺毒：刺入其他動物體內並注入的毒素。

玫瑰毒鮋的外形和岩石一樣粗糙，所以當牠們安靜地待在海底時，很難辨認出所在的位置。牠們會以這種模樣混入珊瑚礁之中，當獵物不經意地從旁邊經過時，就會立刻張大嘴巴，一口把獵物吸進嘴裡，這就是牠們的狩獵方式。因此，牠們不會使用毒素來捕獵，更不會主動用刺去刺殺獵物。

玫瑰毒鮋生活在大型魚類稀少的淺海地區，通常會在海底偽裝成岩石，伏擊獵物。無論是防禦還是攻擊，明明應該不需要劇毒，但卻擁有魚類中最為強烈的刺毒，真是非常神奇。

Pteroios lunulata

環紋簑鮋

攻 守

華麗魚鰭中的毒

美麗的魚鰭中暗藏著毒刺

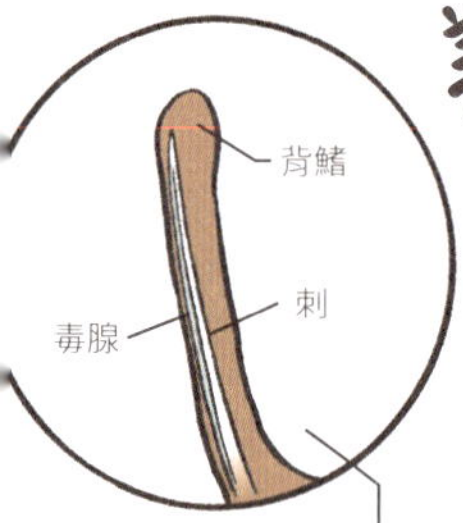

環紋簑鮋的毒刺

紅白相間的鮮豔條紋是表明有毒的「警戒色」。

這種毒若是注入靜脈，大約 60 毫克就足以奪走成人的性命。

觸角蓑鮋（*Pterois antennata*）的雄魚有時還會為了爭奪雌魚而用毒刺互戳對方。

分類：條鰭魚綱・鮋形目・鮋科

大小：全長 30 公分

分布：西太平洋沿岸

食物：魚類

毒性等級

是的，我認為極致的美，就像一種讓人畏懼而不敢靠近的毒藥。

環紋簑鮋是一種擁有巨大魚鰭的豔麗魚類。牠們非但不會用這些鰭來快速游泳，反而還游得相當緩慢。**這巨大的魚鰭裡頭隱藏著好幾根毒刺，所以像這樣清楚地展示自己的外形，反而能減少被敵人襲擊的機會。**

環紋簑鮋的毒刺在背鰭有13根，在臀鰭有3根，左右腹鰭各有1根。這些**刺裡頭充滿了毒液，一旦被刺，毒液就會順勢注入其中。**

或許是對自己的毒性充滿信心，環紋簑鮋並沒有什麼攻擊性。因此牠們深受潛水員的喜愛，甚至還可以一起拍照。但要是**靠得太近，牠們不但會張開魚鰭加以警告，還會豎起毒刺，進行攻擊，因此保持適當距離很重要。**

環紋簑鮋的毒刺很長，通常會從魚鰭的根部一直延伸到末端。這些刺非常尖銳，光是被刺就會感到疼痛不已，毒性也非常強烈。被刺的那一瞬間會感到一股劇烈的疼痛，而且劇痛的感覺還會持續數日，久久不退。毒素本身雖然鮮少會致人於死地，但如果是在潛水過程中被刺，就有可能會因驚慌而溺水，非常危險。

即使是擁有相似毒刺的魚，有的會躲藏在海底，有的則是大膽地在中層海域中游動。就直覺來講，一般都會認為顯眼的魚類可能懷有劇毒，其實不然，因為擁有毒性這件事本身，其實是偶然累積之下所得來的結果。

Plotosus japonicus

日本鰻鯰

毒刺部隊出動！不會輸給大魚的！

守

聚在一起保護自己的毒

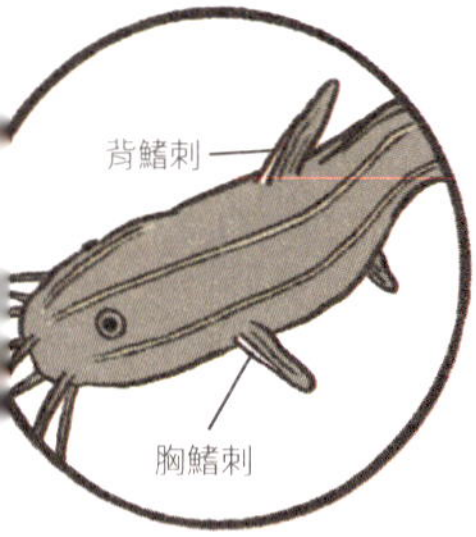

日本鰻鯰就算死了，毒素還是會殘留一段時間。

毒刺非常堅硬尖銳，能輕易刺穿沙灘涼鞋。

屬於夜行性動物，晚上在堤防釣魚時可能會被釣竿勾住。

覆蓋身體的滑溜黏液也帶有輕微的毒性。

分類：條鰭魚綱・鯰形目・鰻鯰科

大小：全長 20 公分

分布：日本近海

食物：魚、蝦等

毒性等級

日本鰻鯰是生活在淺海的小型鯰魚。鯰魚家族的大多數成員在背鰭及左右兩側的胸鰭前端都有粗壯的刺。**當快要被其他魚類吃掉時，牠們就會豎起這些刺來抵抗，以免被吞食。**

此外，將近半數的鯰魚種類已經演化出能從這些刺分泌輕微毒素的能力。**在這些「毒鯰魚」當中，毒素最為強烈的就是日本鰻鯰。**

被日本鰻鯰刺傷時，會立刻感到一股灼熱般的疼痛，不過日本鰻鯰的毒性還不至於會奪走人命。話雖如此，**疼痛的感覺還是會非常強烈，所以釣魚時若是不小心釣到日本鰻鯰，建議不要強行取出魚鉤，最好直接將釣線剪斷，將魚放回海中才是上上策。**

日本鰻鯰白天會靜靜地躲在岩石的陰影處，到了夜晚則會成群游動。這種群體稱為「鯰球」，對於抵禦大型魚類的攻擊效果似乎不錯（就像繪本中常見的「小黑魚效應」）。特別是體型較小而且毒性又弱的幼魚，通常會從數十隻到數百隻組成一個大群體，以球狀聚集的方式一邊尋找食物，一邊移動。

鯰魚類原本是在河川或池塘中演化而來的族群，現在大多數的種類仍然生活在淡水區域之中。不過，日本鰻鯰卻是少數成功進入海洋生活的鯰魚。牠們說不定是因為偶然演化出強大的毒素，所以才會成功地在海洋中生活。

Lagocephalus lunaris

月尾兔頭魨

守

想吃但會沒命的毒

無論吃哪個部位，通通都有毒的可怕河豚……

雖然不會用毒攻擊，但是牙齒銳利，被咬到的話會有危險。

飼料若是無毒，飼養的河豚就會無毒。

河豚的毒素對人類來說既沒有味道也沒有氣味，但是魚類似乎能夠辨識出毒性。

分類：條鰭魚綱・魨形目・四齒魨科

大小：全長 35 ～ 50 公分

分布：印度洋到西太平洋

食物：貝類、蟹類等

毒性等級

因為毒性而導致人類死亡案例最多的魚是河豚。自古以來人們就已經知道河豚有毒，但因為極其美味，即使知道有毒，還是會有人明知故犯，為了大啖一番而喪命，所以豐臣秀吉才會頒布「河豚禁食令」。

獲准**食用的河豚有22種，但是種類不同，有毒的部位也各不相同，**因此處理河豚需要專業的執照。以大型的虎河豚（*Takifugu rubripes*），即俗稱的氣規為例，牠的卵巢和肝臟含有毒素，但是肉（肌肉）、皮和精巢卻可以食用。

不過**有種河豚反而全身都是極為可怕的毒素，**那就是月尾兔頭魨。這種河豚完全禁止食用，不管是哪一個部位都不能吃。加上**這種河豚的外型又與可食用的兔頭魨（*Lagocephalus*）相似，大幅增加因為誤認而蒙受的危險性。**

河豚的毒素稱為「河豚毒素」（Tetrodotoxin），據推測，應該是漂浮在海中的細菌等生物所產生。這些細菌會被浮游生物及螃蟹等吃掉，接著這些生物又被河豚吞下肚去，因而讓毒素慢慢累積在肝臟等器官之中。河豚對這種毒素具有抵抗力，所以吃了也不會受影響。不僅如此，聽說牠們似乎還偏愛吃有毒的獵物呢。

但無論擁有的毒素有多強烈，一旦被捕食，終究逃不過一命，是吧？不過河豚在倍感威脅時會從體內釋放出微量的毒素，藉此宣示牠們是不適合食用的魚。其實有些魚類在吃下河豚之後，還會因為發現有毒而趕緊把牠吐出來呢。

Ruvettus pretiosus

薔薇帶鰆

讓人肚子拉個不停的毒

吃下去就完蛋了？會讓你一直拉到包尿布！？

又稱為「油魚」或「圓鱈」。

薔薇帶鰆的肉呈蠟狀，潔白如雪。

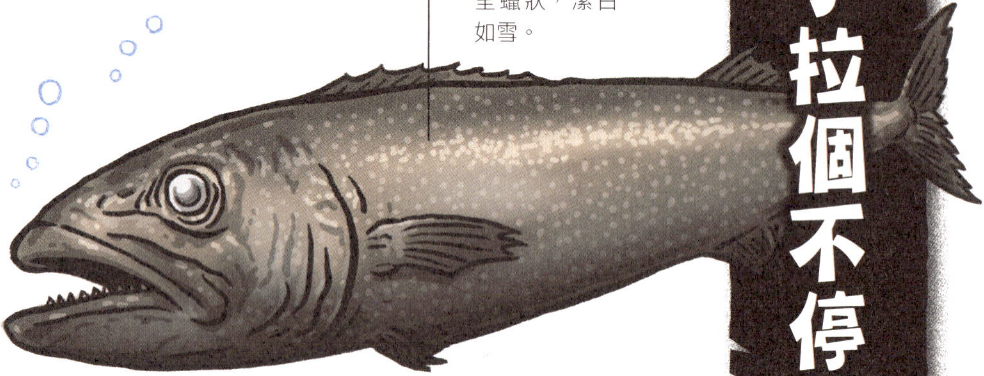

肉中的油脂（蠟酯）與蠟燭中的「蠟」相似。

蜂巢也是由蠟酯（蜂蠟）所構成的。

毒性等級

分類：條鰭魚綱 ・鱸形目・帶鰆科

大小：全長 1.5 公尺左右

分布：世界各地的溫暖海域

食物：魷魚、魚類

有些魚類因基於《食品衛生法》這項法律禁止販賣，薔薇帶鰆就是其中一種。這種魚其實非常美味，但有一個很大的缺點。那就是**牠們的肉（肌肉）與內臟含有大量的「蠟酯（脂質）」（因此也常被稱為魚油），人類吃了之後是無法消化的**。

食用這種蠟之後，會因為無法被腸道吸收而直接排出。**有些人少量食用可能沒事，但要是大量食用，蠟就會在腸內變成黏稠的液體，進而引發急性腹瀉**。

睡著的時候即使沒有排便的感覺，這些**濃稠的蠟液還是會從肛門流出**。這樣早上醒來時，棉被說不定會因為沾上充滿臭味的蠟而慘不忍睹。

薔薇帶鰆並不是用這種蠟來防禦敵人。牠們通常在水深 100 到 800 公尺的海域裡垂直移動。魚類若是擁有「魚鰾」，裡頭通常會填滿空氣。若是突然從深水區移動到淺水區，魚鰾有可能會因此破裂。不過薔薇帶鰆可以用大量的蠟酯來調節浮力，所以能夠快速上升或下降。

就法律而言，薔薇帶鰆是不可以販賣給他人或在餐廳裡提供。但是自己釣來吃在法律上是沒有問題的。有些喜歡吃薔薇帶鰆的人為了防止蠟液從肛門漏出，食用之前還會先穿上尿布以防萬一呢。

Anguilla japonica

日本鰻

守 無法做成生魚片的毒

嗯……其實我們烤過就可以吃了啦！

日本到目前為止還沒有出現過，因為鰻魚導致食物中毒的記錄。

處理鰻魚雖然不需要執照，但是身為廚師的人都知道鰻魚有毒。

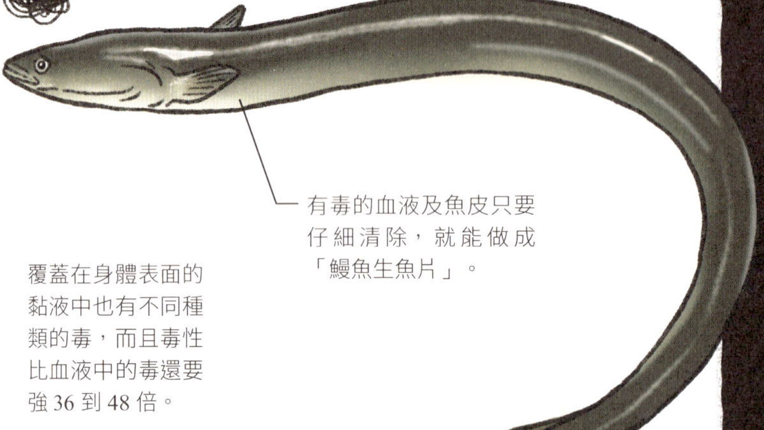

有毒的血液及魚皮只要仔細清除，就能做成「鰻魚生魚片」。

覆蓋在身體表面的黏液中也有不同種類的毒，而且毒性比血液中的毒還要強 36 到 48 倍。

分類：條鰭魚綱・鰻鱺目・ 鰻鱺科

大小：全長 60 ～ 100 公分

分布：東亞

食物：魚類、蝦類

毒性等級 ☠

鰻魚壽司使用的通常不是生魚片，而是經過加熱處理的熟鰻魚，因為**生鰻魚有毒**。

大多數的淡水魚因含有對人體有害的寄生蟲，所以不能做成生魚片。不用說，鰻魚也有寄生蟲。但是牠們所帶來的危險不僅如此，其**血液本身也含有毒素**，因此在處理鰻魚時如果**血液不慎濺入眼睛裡，就會感到一股灼熱般的疼痛，而且還會引起發炎**。同為鰻鱺目的星鰻與海鰻也有一樣的特徵。

若是**大量飲用鰻魚的「鮮血」，就會引起腹瀉和噁心等症狀，嚴重時還可能會因為呼吸困難而死亡**。不過成年人的致死量約為1公升的鰻魚血，就算想喝，也不容易達到這個量。

鰻魚的毒液是由蛋白質所構成的，加熱後蛋白質會因為「性質改變」而失去毒性，標準是「60℃加熱 5 分鐘」。因此，用更高溫的火烤過或蒸煮的鰻魚在食安上是沒有問題的。基本上，一般家庭很少會處理到生鰻魚，但如果在河川或池塘釣到鰻魚，一定要充分加熱後再食用。

泥鰍的外表雖然相似，但與鰻魚和星鰻卻是完全不同的族群（鯉形目 Cypriniformes）。雖然沒有毒，但可能帶有寄生蟲（顎口線蟲，或稱棘顎口線蟲 *Gnathostoma spinigerum*），所以千萬不要生食。以前有些餐廳會提供生泥鰍，不過現在應該已經沒有了。

Dasyatis akajei

赤魟

守

潛藏於沙泥之中的毒

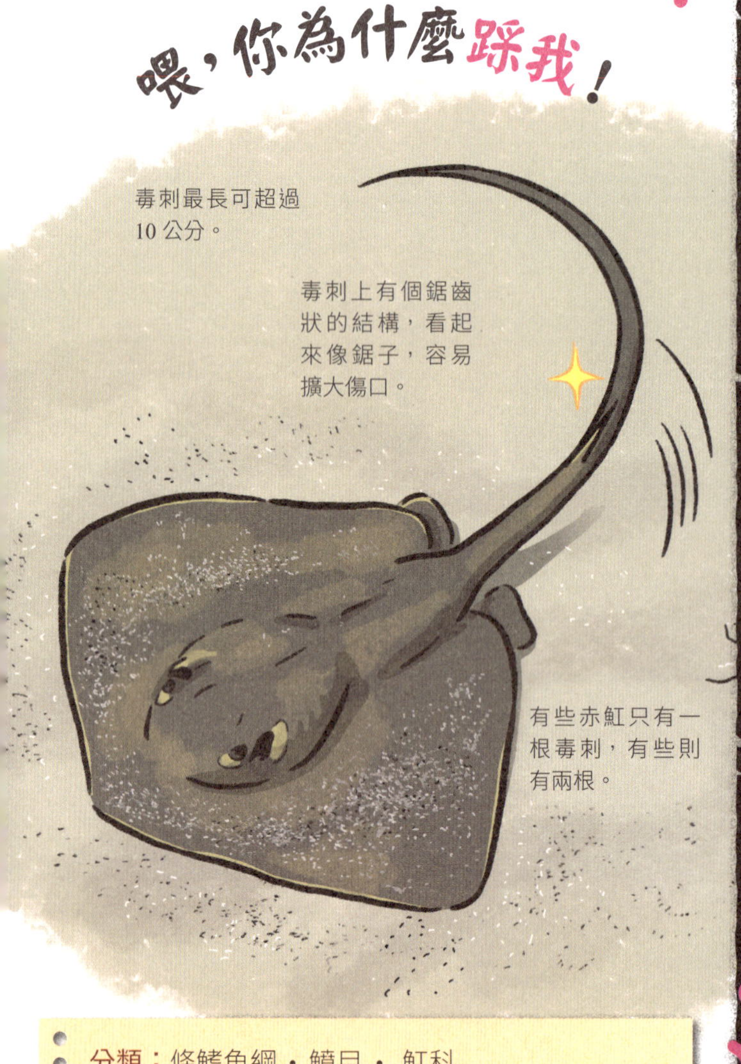

喂，你為什麼踩我！
毒刺最長可超過10公分。
毒刺上有個鋸齒狀的結構，看起來像鋸子，容易擴大傷口。
有些赤魟只有一根毒刺，有些則有兩根。

分類：條鰭魚綱・鱝目・魟科

大小：全長1.2公尺

分布：西太平洋

食物：魚類、蝦類

毒性等級

鯊魚和魟魚這類「軟骨魚類」，與先前介紹的「硬骨魚類」類別完全不同。即使是分類上相距甚遠的軟骨魚類，也有擁有毒刺的物種。而**當中的赤魟類，是因為毒素導致死亡意外最多的軟骨魚類**。

赤魟主要潛藏在淺海的沙地或泥地中，人類有時會不小心踩到牠們。在這種情況之下，**赤魟通常會揮動尾巴，以毒刺攻擊**。

一旦被赤魟刺到，就會立即感到一股劇痛，而且疼痛的感覺遲遲無法消退。**嚴重時還會呼吸困難，甚至因此而喪生**。

不過赤魟的毒素成分與其他擁有毒刺的魚一樣，都是蛋白質，因此可以用較燙的熱水或拋棄式暖暖包持續溫暖傷口，這樣就能抑制毒素的效力。

大多數的赤魟都有細長如鞭的尾巴，而毒刺就位在尾巴的中段。在英語中之所以被稱為「stingray（刺魟）」或「whipray（窄尾魟）」，就是這個原因。此外，異齒鯊科（Heterodontidae）和角鯊科（Squaliforme）的魚類在第一背鰭和第二背鰭前方共有兩根粗壯的刺，而有的角鯊科還能利用這些刺釋放出微弱的毒素。

軟骨魚類和硬骨魚類是完全不同的群體，但卻共同出現了背部帶有毒刺的物種，如此情況，有可能是因為這種防禦方式較具優勢。而像這樣在相似的環境中演化出相似的形態，就稱為「趨同演化」。

專欄

毒，好吃嗎？

毒的味道

河豚擁有強烈的毒素，但是肉質Q彈，是一種非常美味的魚。不過這份美味並不是毒素的味道。河豚是一種毒素的分布位置非常明確的魚類，因此只要食用無毒的部位，那就沒有問題。

另外，銀杏的果實雖然含有毒素，但還是可以食用。這種毒素稱為「銀杏毒素」（ginkgotoxin），是一種相當強烈的毒，有些人差不多吃了10顆銀杏就有可能會引發急性中毒。這種毒素通常不會因為加熱烹調而消失，所以我們實際上是在品嚐毒素，但是它對味道的影響，目前尚未明確。

虎河豚

肝和卵巢帶有劇毒，但是身體（魚肉）、魚皮和精巢則無毒。

另一方面，以毒蠅鵝膏菌（*Amanita muscaria*，或稱毒蠅傘）為代表的鵝膏菌科（Amanitaceae）蘑菇及口蘑科（Tricholomataceae）的捕蠅蠟蓋傘（*Tricholoma muscarium*）鮮味非常強烈，是相當美味的蕈菇，不過這可口的滋味卻是來自「鵝膏蕈氨酸」（ibotenic acid），它是一種毒素成分。只要大量食用，就一定會中毒，所以不應該隨意嘗試。即使能夠費力去除這類蘑菇的毒素，這些毒素所帶來的鮮味也會隨之消失。

然而像毒蠅鵝膏菌這種毒性味道明確，卻又被認為美味的例子並不多見。這當然是因為沒有人在明知有毒的情況之下還要食用。

另外，太苦或太臭的東西基本上不會當作食物來吃。因此在人類尚未食用過的生物當中，應該還有許多味道不好而且有毒的物種。

銀杏

大量食用可能會出現噁心、腹瀉及抽搐等症狀。

毒蠅鵝膏菌

有些地區會醃漬過後再食用。

對毒的依賴

有些毒素會讓人誤以為是美味之物而對其產生依賴。最典型例子就是酒和煙草。這些東西含有對身體有害的毒素，但是如果改進吸收的方式，稀釋毒素，有時反而會因為副作用而感到愉悅。然後反覆吸收之後，就會產生想要再次得到相同毒素的「成癮性」。

酒類中所含的毒素「酒精」是利用穀物或水果發酵製成的，但幾乎沒有人會覺得純酒精（100%的乙醇）好喝。不過這樣的純酒精用水稀釋並添加各種風味之後，就會變得比較容易入口。然而持續飲用稀釋過的酒精，就會逐漸變得更加依賴，甚至明知有害，卻還是無法停止。

酒精

酒精是以植物為原料製成的。例如穀物或果實等材料發酵，就能製造出啤酒和葡萄酒之類的釀造酒。而讓釀造酒經過蒸餾這個過程以提高酒精含量的酒類，就是伏特加或威士忌等蒸餾酒。

菸草原產於南美洲，是新鮮葉子乾燥而成的，含有「尼古丁」這種劇毒。其所擁有的毒性非常強，即使是成人，只要誤食一根菸，就會立即喪命。雖然點燃煙草吸入煙霧不會立即喪命，卻會增加罹患肺癌等疾病的風險。而且吸食多次之後，如果體內沒有吸收到尼古丁，就會出現煩躁、出汗和顫抖等上癮症狀。

而大麻（*Cannabis sativa*）這種植物是葉子和花穗乾燥後的產物，只要點火吸入煙霧，心情就會變得非常愉快。不過在日本，光持有大麻就已經算是犯罪行為。即便如此，其所造成的強烈成癮性，還是會讓人願意冒著被逮捕的風險吸食。

大麻

在日本已經有超過一萬年的栽種歷史。除了用纖維製作麻布之外，種子也可食用（例如七味粉等）。

菸草

原產於南美洲的茄科植物。最常見的使用方式是點燃乾燥的葉子吸入煙霧，但也有與石灰等一起咀嚼的「嚼煙」，以及將切碎的葉子粉末從鼻子吸入的「鼻煙」。

毒

第五章

水母·貝類·蟹類的

這一章要介紹海裡的無脊椎動物，像水母是屬於刺絲胞動物，海星是棘皮動物，貝類是軟體動物，螃蟹是節肢動物，涵蓋的分類群非常多樣。而這一章所介紹的，都是對人類具有危險性的生物。

Chironex fleckeri

澳洲箱型水母

攻 守

一觸即發的毒

用長～長的觸手在後追趕，我絕對不會放過你的～

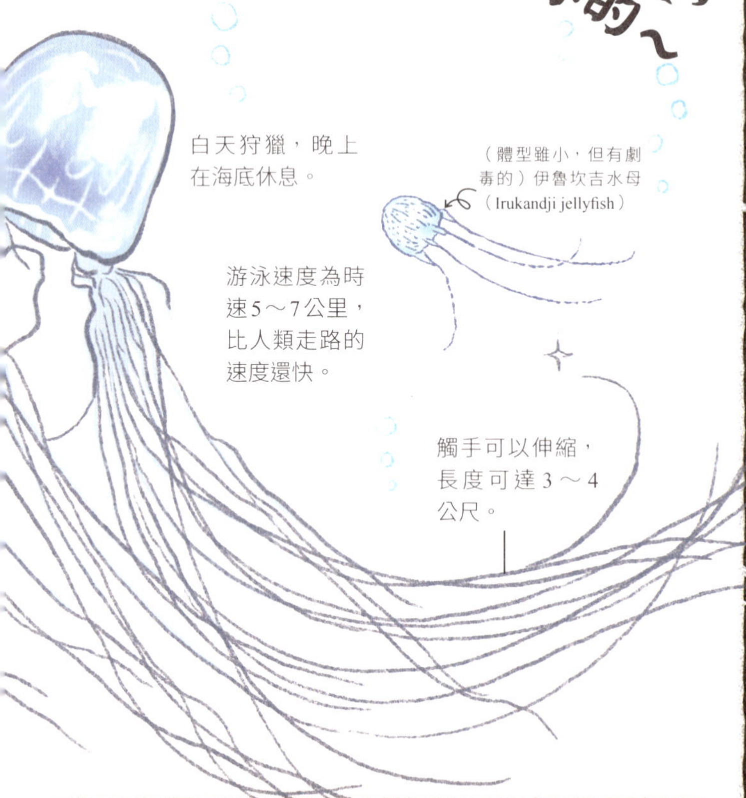
白天狩獵，晚上在海底休息。
（體型雖小，但有劇毒的）伊魯坎吉水母（Irukandji jellyfish）
游泳速度為時速5～7公里，比人類走路的速度還快。
觸手可以伸縮，長度可達3～4公尺。

分類：立方水母綱・立方水母目（箱形水母目）・箱形水母科

大小：約30公分長的傘

分布：從東南亞到澳洲北部的溫暖海域

食物：魚類、蝦類

毒性等級

不要小看我喔，我可是水母當中最會飆車的毒水母喔。

箱形水母的「傘部※1」呈方形，而且還擁有長長的「觸手」。在水母當中，牠們游泳的速度特別快，屬於積極追捕獵物的類型。而**有助於狩獵的毒素，在水母當中堪稱是最強的**。

澳洲箱型水母是**體型最大的箱型水母**。**長達4公尺的觸手上有許多「刺絲胞※2」排列，敵人或獵物只要稍微碰到，就會發射毒液**，而且這種毒素威力強大，可以瞬間讓小魚動彈不得。

話雖如此，這細長如線的觸手能注入的毒液量其實很少，因此不幸致死的人大多為幼兒。但**若被刺到多處，即使是成人，心臟也有可能會在短短的幾分鐘內停止跳動**。

※1傘部：水母的本體稱為「傘」，而從本體延伸的腳狀部分稱為「觸手」。

※2刺絲胞：毒針與毒液組合而成的膠囊狀小器官。

同屬箱型水母的還有伊魯坎吉水母，是一種傘部高度只有3公分的小型水母。牠們不僅體型小，體色還幾乎透明，即使在附近，也難以察覺。若是不小心碰觸到牠們的觸手，過一段時間就會開始出現劇痛、血壓升高、肌肉痙攣等症狀，還有可能在原因不明的情況下死亡，是一種非常可怕的水母。

棲息於沖繩等地的波布水母（*Chironex yamaguchii*）與澳洲箱形水母同類，屬於「箱形水母屬」（*Chironex*）。波布水母的日文名字直譯是「琉球蝮水母」，因為牠們就和毒蛇琉球蝮一樣，是一種非常可怕的水母，甚至有人因為被這種水母螫傷而死亡。

Physalia physalis

僧帽水母

唉～不知道接下來要去哪裡～

攻 守 釣魚線上的毒

僧帽水母的身體是由好幾個水螅體組成的「群體」。
觸手最長可以超過 30 公尺，是最長等級的動物之一。
天敵是專門捕食有毒水母的革龜（*Dermochelys coriacea*）。
會吃水母的革龜。

分類：水螅綱．管水母目．僧帽水母科

大小：浮囊直徑約 10 公分

分布：世界各地的溫暖海域

食物：魚類

毒性等級 ☠☠☠☠

隨波逐流也不錯，是吧～什麼？想要刺激一點？好啊～（噗嗤）

大多數的水母都是在水中緩慢移動，不過**僧帽水母卻是漂浮在水面上，隨著海浪，四處漂流**。因為牠們擁有的大型「浮囊（氣泡體）」裡充滿了氣體，所以無法潛入水中。

在捕捉獵物時，僧帽水母會垂下伸縮自如的長長「觸手」，**上頭密密麻麻地布滿了毒針發射裝置，叫做「刺絲胞」，就算小魚只是輕輕一碰，也會因為毒素而麻痺，動彈不得**。獵物一旦上鉤，就會迅速縮回觸手，將獵物拉到浮囊正下方的「營養水螅體※」準備消化。

牠們的生活方式就像從帆船垂下的釣魚線，但是上頭佈滿毒針，隨風漂流移動。**僧帽水母完全沒有游泳能力，因此需要這種長長的觸手及強力的毒素來覓食**。

※僧帽水母身體的各個部位是由形狀不同的「水螅體」所組成的。營養水螅體位於傘狀體的下方，扮演著嘴巴和胃的角色。

水母是刺胞動物門某些群體的總稱，而被稱為水母的生物有四個群體，即：包括海月水母（*Aurelia aurita*）在內的「缽水母綱（Scyphozoa）」、波布水母的「立方水母綱（Cubozoa）」、僧帽水母的「水螅綱（Hydrozoa）」，以及萬花筒水母（*Haliclystus auricula*）的「十字水母綱（Staurozoa）」，不管是分類還是生態，都各不相同。

僧帽水母有時會被沖上沙灘，但即使已經死亡，刺絲胞仍會發射毒針，所以千萬不要亂碰。不過，常見的海月水母毒性較弱，刺絲胞的毒針也比較短，所以通常不太會穿透人類的皮膚。

Phyllodiscus semoni

夜海葵

白天悠閒地曬太陽，夜晚化身為危險的獵人！

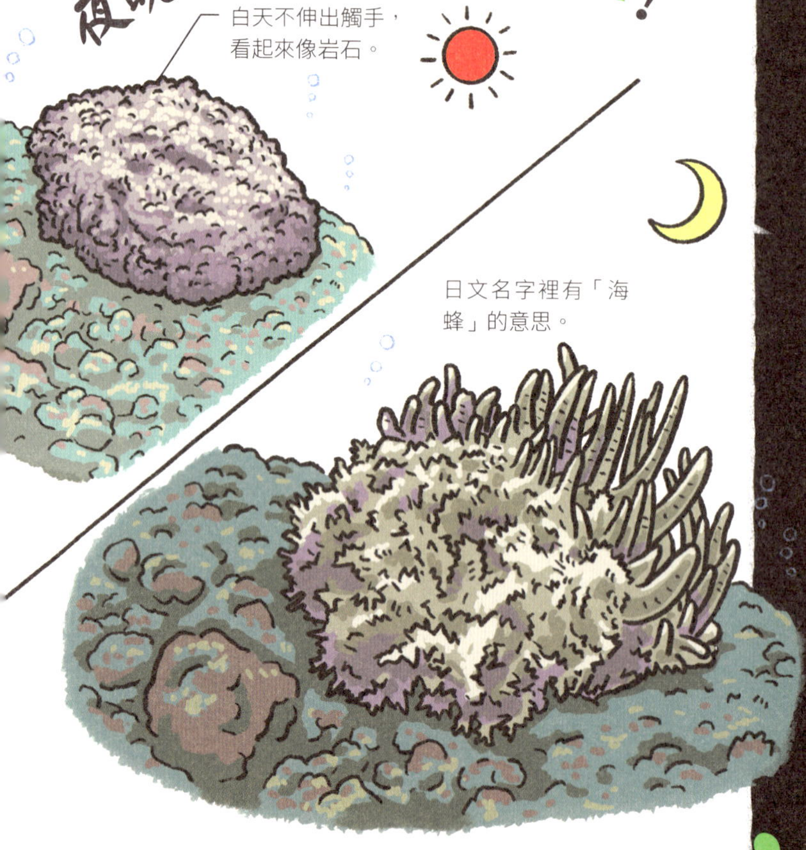
白天不伸出觸手，
看起來像岩石。
日文名字裡有「海
蜂」的意思。

攻 守

會破壞腎臟的毒

分類：珊瑚綱・海葵目・艾莉西亞海葵科

大小：直徑 10 ～ 20 公分

分布：印度洋到西太平洋的溫暖海域

食物：蝦類和動物性浮游生物

毒性等級

日本人所說的「海蜂」就是我啦。不小心碰到的話可是會被刺傷喔。

海葵的觸手和水母一樣，密布著名為「刺絲胞」的毒針發射裝置。海葵會用**這種毒素讓獵物失去反抗能力，之後再慢慢的消化牠們，但大多數的海葵毒素對人類並不會帶來危險**。

然而，生活在沖繩海域的夜海葵卻**擁有會致人於死地的強烈毒素**。牠們通常生活在淺海中，外觀看起來又像岩石或海藻，因此在潮間帶採集貝類或在岩岸玩耍時，常常因為不小心碰到牠們而導致意外頻繁發生。

要是被刺到，通常會伴隨著劇烈的疼痛，皮膚也會潰爛，而且需要很長一段時間才能完全痊癒。不僅如此，牠們的毒素還可能會**對腎臟造成嚴重損害，故被稱為「最危險的海葵」**。

夜海葵只會在夜間伸出觸手進行捕獵。白天這段時間，在體內共生的「蟲黃藻」（Zooxanthellae，一種植物性浮游生物）會經由光合作用產生能量。也就是說，牠們會不分日夜地一直攝取營養。由於光合作用需要在陽光充足的淺海才能進行，所以才會這麼容易與人類發生接觸意外。

夜海葵的獵物是小型蝦類及浮游生物，其實是不需要如此強烈的毒素，而且透過光合作用也可以獲取能量，但是牠們卻演化出足以致人於死的強力毒素，這真是非常不可思議，是吧？

Acanthaster cf. solaris

棘冠海星

喂！誰跟你說我是毒仙人掌的！

守

無數尖刺中的毒

擁有的毒素對熱非常敏感，刺到時可以用熱水在傷口周圍熱敷。

尖刺容易折斷，被刺到時有可能會殘留在傷口中。

底部的刺並不銳利，可以用舀起的方式捧在手裡。

分類：海星綱・顯帶目・長棘海星科

大小：直徑 30～60 公分

分布：印度洋至太平洋的溫暖海域

食物：珊瑚類

毒性等級 ☠☠☠

我們不會主動挑釁的，但如果你踩到我的話……那就要做好心理準備囉！

海星對人類來說幾乎是無害的生物，唯有棘冠海星例外。**牠們身體表面密布著尖銳的刺，而且每根刺都會滲出毒液**。

棘冠海星雖然是體型龐大的海星，不過**動作緩慢，也不會主動攻擊人類**。但是在珊瑚礁海域戲水時，有時會誤以為是岩石而把手撐在上面，或是不小心踩到而被刺傷。

牠們的毒性非常強，**只要10毫克就足以致人於死地**。即使只是輕輕一刺，也會引起劇烈疼痛，傷口嚴重腫脹，身體也有可能會感到麻木。有時還可能會引發「過**敏性休克」等過敏症狀，例如在沖繩就曾發生過專業的潛水員被刺身亡的意外**。

海星的皮膚（表皮）裡嵌入了密密麻麻的細小骨骼，雖然有彈性，但卻非常堅硬。此外，體內還含有像肥皂一樣會起泡的毒素「海星皂素（asterosaponins）」，所以幾乎沒有動物喜歡捕食海星。儘管如此，棘冠海星依舊擁有毒性非常強的刺，一旦大量繁殖，就會難以驅除，要是牠們過度捕食珊瑚，反而會對珊瑚礁造成嚴重的破壞。

海星中也有毒素（海星皂素）含量較少的種類，有一部分經過去毒處理之後就可以食用。不過堅硬的表面無法食用，只能吃體內的「生殖腺（卵子的來源部位）」。像我就曾經在九州吃過多棘海盤車（*Asterias amurensis*，平底海星），味道和海膽很像喔。

Hapalochlaena fasciata

藍紋章魚

攻 守

唾液中的毒

我不是豹紋章魚喔！
我是藍紋章魚！

受到氣候暖化的影響，日本本州也發現牠們的蹤影了。

肌肉和皮膚都有毒，所以不能食用。

分類：頭足綱・章魚目・章魚科

大小：全長約 10 公分

分布：西太平洋的溫暖海域

食物：螃蟹、蝦類

毒性等級

你知道嗎？像我這樣平常安靜乖巧的章魚，一旦生氣起來是很可怕的喔。

藍紋章魚體長約10公分，是體型嬌小又美麗的章魚，但是擁有劇毒，而且是與河豚相同的「河豚毒素」。然而河豚只要不吃，就不會有危險，但是**藍紋章魚卻會主動以毒攻擊，所以危險性非常高**。

章魚的身體柔軟，不過嘴巴卻是堅硬的喙狀結構，也就是俗稱的章魚嘴。牠們會用這個硬喙把蝦和蟹的殼啃碎再吃，如果受到攻擊，就會反咬回去。**藍紋章魚的毒液含於唾液之中，而且一口咬下去時所釋放的毒量，殺死7個成人還綽綽有餘呢**。

此外，藍紋章魚也會利用毒液讓獵物失去抵抗能力。事實上，大多數的章魚在捕獲獵物時都會使用毒素，但會**釋放對人類具有危險性的毒，就只有藍紋章魚這一類**。

平常藍紋章魚的身體是樸素的淺棕色，與周圍的岩石融為一體。但當遭遇到敵人威脅時，身體就會瞬間變色，顯現出藍色的豹紋圖案。這是用來展示毒性的「警戒色」，如果敵人看到這種圖案沒有被嚇跑的話，那麼藍紋章魚就會咬住對方，擊退對方。

章魚是貝殼退化的貝類親戚（軟體動物），因此體型較小的藍紋章魚會以強烈的毒素來當作取代貝殼的防禦手段。

其他章魚在逃跑時會噴出墨汁作為煙幕，但是利用毒液擊退敵人的藍紋章魚所擁有的「墨囊」其實已經退化了喔。

Conus geographus

殺手芋螺

攻 守

從捕魚的尖刺中釋放的毒

一擊斃命！其實我是肉食性的，意外吧！

雖然體內沒有毒，但會特地抓來吃的人卻不多。
刺的粗細約為 0.2 ～ 0.3 公釐，比注射針頭還細。
擁有的刺和吸管一樣呈管狀，毒液會從中流過。

分類	腹足綱・新腹足目・芋螺科
大小	殼長 10 ～ 15 公分
分布	印度洋到西太平洋的珊瑚礁區
食物	小魚

毒性等級 ☠☠☠☠☠

螺類是動作緩慢的動物，不過殺手芋螺卻能夠捕捉快速游動的魚類。那牠們是如何捕捉的呢？那就是先發射毒刺使獵物動彈不得，然後再張開嘴巴，整個把對方吞下肚去。

螺類有個器官稱為「齒舌」，是牙齒和舌頭的結合體。而芋螺類的齒舌已經演化成尖銳的刺，能夠強力發射。不僅如此，這種刺還會注射「芋螺毒素」（conotoxin）。

在這樣的芋螺類當中，殺手芋螺的毒性是最強的。小魚要是被牠們捕獲，就會一擊斃命。即使成人，被刺到的話也會有⅔的人無法獲救。牠們的毒素非常強烈，只要0.72毫克，就足以致成人於死地。

殺手芋螺的刺，長度其實不過 1 公分，但由於口部（吻）可以伸出的長度與貝殼的長度相同，因此即使抓到的是貝殼的邊緣，還是會有可能被牠們突然伸出來的口部刺傷。牠們的毒刺非常細小，被刺到的那一瞬間幾乎感覺不到疼痛，但是會漸漸全身麻痺，呼吸困難，有時還會在海中溺斃。

基本上，螺類家族（腹足綱）的齒舌通常呈銼刀狀，舌頭上排列著許多細小的牙齒，因此會一邊用齒舌慢慢磨削食物一邊進食。不過芋螺類的齒舌已演化成刺，無法磨削獵物，所以只能整個吞下獵物。

Atergatis floridus

花紋愛潔蟹

守 因地而異的毒

來來來，有毒的饅頭蟹要不要嚐一嚐呀？

即使加熱毒性也不會消失，所以不能食用。

蟹殼也有毒，但是觸碰無害。

雖然是小型蟹類，但只要靠一隻螯肢，就能釋放出足以讓成人喪命的毒素。

分類：軟甲綱・十腳目・扇蟹科

大小：甲殼寬度為 4.5 ～ 5.5 公分

分布：印度洋到西太平洋的溫暖海域

食物：海藻、貝類、魚類屍體

毒性等級

我們住的地方不同，毒素也會不一樣喔！怎麼樣？要比較一下嗎？

蟹類或許不會讓人聯想到毒，但實際上有些確實帶有毒性，其中最有名的就是花紋愛潔蟹。或許是因為**毒性強烈的關係，牠們的身體表面相當光滑，沒有突起物保護**。

花紋愛潔蟹的特別之處，在於**牠們的毒素種類會隨棲息的海域而改變**。有的是與河豚相同的「河豚毒素」，有的是貝類毒素的「膝溝藻毒素」（gonyautoxin）或「巨蚌毒素」（saxitoxin），有的則是兩者皆有。

而且**這種毒素是如何產生的至今還不明瞭**。有人認為像河豚一樣，是將食物中含有的毒素囤積起來利用的；也有人認為是蟹類體內共生的細菌「弧菌」（*Vibrio*）製造的。

花紋愛潔蟹是日本近海少數有毒的蟹類，但是至今尚未有食物中毒的記錄。這可能是因為牠們體型小，所以很少有人會特地抓來吃。不過牠們的近親毒蟹卻曾經發生過中毒案例。像銅鑄熟若蟹（*Zosimus aeneus*）這種甲殼寬約 8 公分的有毒蟹類，就曾經發生過只是喝了用這種螃蟹煮的湯，卻因此喪生的意外事故。

同一種生物因為地區不同而擁有不同毒素的情況是相當罕見的。若是要將毒素儲存在體內，就必須對這種毒素有「抗性」，否則自己也會受到傷害的。但是對多種毒素都有抗性並不容易，因此能靈活使用多種毒素的生物其實相當罕見。

誰擁有最強的毒？

什麼是LD50？

毒性的強度可以用LD50這個數值來表示。這是指當每公斤的體重攝入多少量的毒素時，就會導致50％的實驗動物死亡的劑量（致死量。英語：lethal dose，簡寫為LD）。這個數值是以白老鼠或倉鼠為實驗對象所得到的結果，是否完全適用於人類其實無法確定。但是為了方便起見，本書以成人體重60公斤為基準，並根據LD50的數值來推算致死劑量。另外，並非所有毒素都有進行LD50值測試，因此有許多生物的毒性強度其實尚不明確。

大型動物分泌的毒素通常較多，小型動物則相對較少，因此即使毒素的LD50值偏高，就生物學上來看，也未必會特別危險。例如日本紅螯蛛的LD50值雖然高達0.005毫克，但因體型小，毒量少，就算帶有劇毒，對人類來說其實也不會造成重大危險。

實驗動物有一半死亡的劑量被稱為「LD_{50}」，是衡量毒性強度的指標。

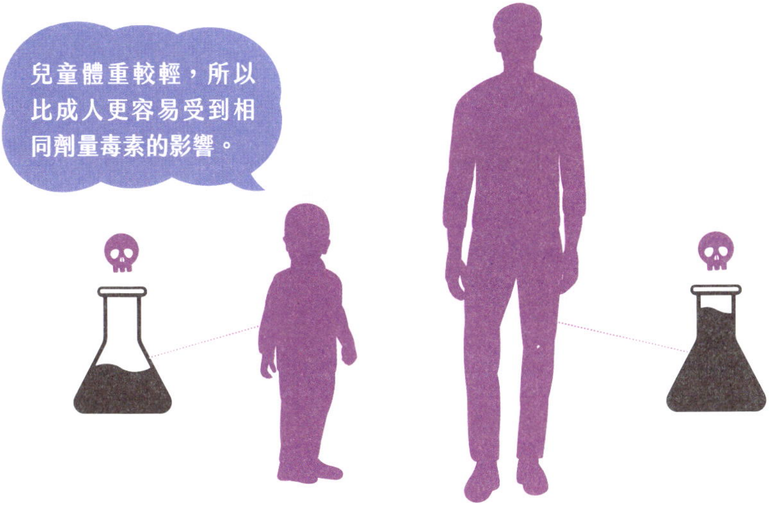

兒童體重較輕，所以比成人更容易受到相同劑量毒素的影響。

LD_{50} 的表示方法

LD_{50} 單位是「mg〈毫克〉/kg〈公斤〉」。假設 LD_{50} 為 2mg/kg 的話，那就代表每公斤的體重只要攝入 2 毫克（0.002 公克）的毒素，就會有一半的動物死亡。以體重為 60 公斤的成人為例，要是攝取 LD_{50} 為 2mg/kg 的毒物，當體內攝取的量達 120 毫克時，就有可能會喪命。如果是體重為 30 公斤的小學生，那麼 60 毫克就是致死量，因此我們可以說兒童比成人更容易受到毒素的影響。

猛毒動物排行榜

接下來要以排名形式，為大家介紹LD$_{50}$數值相當高的有毒動物。這些生物所擁有的毒雖然都是劇毒，但是牠們所擁有的毒量及使用的方式都各不相同，因此排名越前面的生物未必會比較危險。

※此處的LD$_{50}$值是該動物所含毒物數值。

10

內陸太攀蛇

LD$_{50}$ ＝ 0.025mg/kg

生活在澳洲沙漠中、毒性最強的毒蛇。

9

藍紋章魚

LD$_{50}$ ＝ 0.02mg/kg

雖然是小型章魚，但被咬到可能會沒命!?

8

殺手芋螺

LD$_{50}$ ＝ 0.012mg/kg

在貝類（軟體動物）中毒性最強。

7

加州蠑螈

LD$_{50}$ ＝ 0.01mg/kg

毒的成分與河豚同為河豚毒素，但接觸的話可能導致腫脹。

4

金色箭毒蛙

LD_{50} = 0.002 ～ 0.005mg/kg

在南美洲的動物當中，毒性最強的青蛙。

5

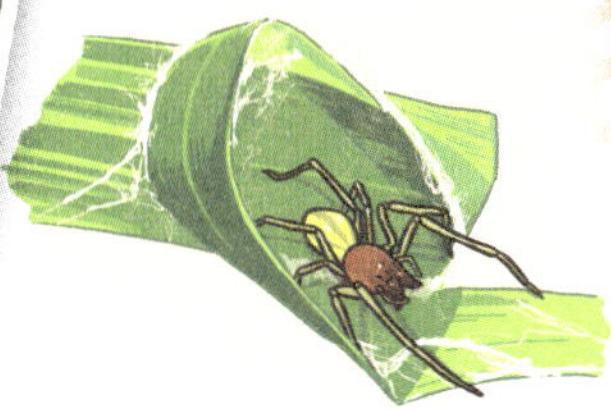

日本紅螯蛛

LD_{50} = 0.005mg/kg

體長大約 1 公分，但被咬時會感到劇痛。

6

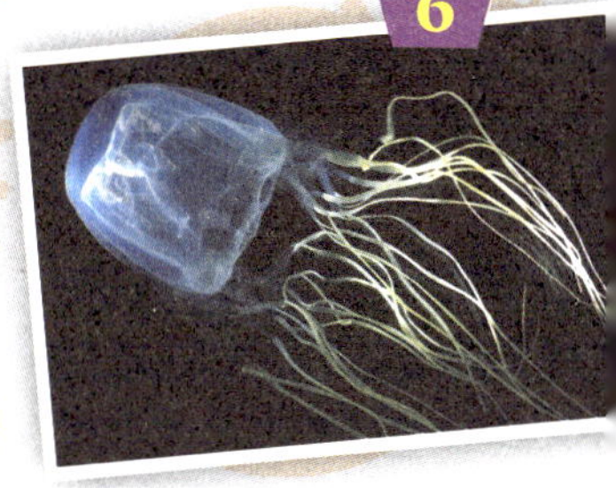

波布水母

LD_{50} = 0.008mg/kg

沖繩海域也有比有毒的琉球蝮還可怕的水母。

1

岩沙海葵

LD_{50} = 0.00025mg/kg

可能 15 公克就足以讓 100 萬名成人喪命的萖葵毒。

2

澳洲箱型水母

LD_{50} = 0.001mg/kg

細長的觸手上排列著多達 50 億個刺胞（含有毒針的膠囊）。

3

黑頭林鵙鶲

LD_{50} = 0.002mg/kg

毒性強烈，但一直到 1990 年才發現有毒。

毒

第六章

植物·蕈菇·微生物的

這一章要介紹非動物的生物。這些毒素大多只有在特地食用的時候才會造成傷害。此外，無論生物演化出多麼劇烈的毒素，被捕食的動物也會相應地演化出對抗的機制。

Aconitum spp.

烏頭

花朵雖然美，但怎麼覺得好像有點危險？

守

充滿犯罪氣息的毒

花粉和蜜也有毒。
烏頭生長的地區在開花期間是不會讓蜜蜂採蜜的。

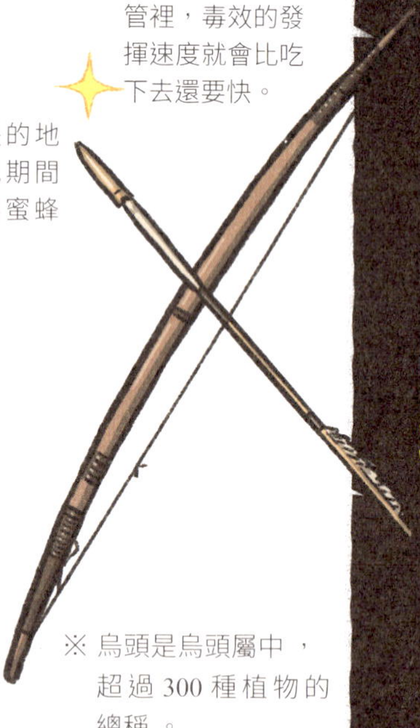

毒素若是進入血管裡，毒效的發揮速度就會比吃下去還要快。

※ 烏頭是烏頭屬中，超過 300 種植物的總稱。

分類：真雙子葉植物※・毛茛目・毛茛科

大小：高 80 ～ 120 公分

分布：亞洲、歐洲、北美洲

※真雙子葉植物：過去被歸類為「雙子葉植物綱（Dicotyledoneae）」，但近年來根據 DNA 分析，扣除演化支的木蘭類植物（Magnoliids），現在已經將其歸在「真雙子葉植物」項目底下。

毒性等級

我經常在懸疑劇中出現喔。
就算沒有台詞，存在感照樣強烈，是吧？

堪稱毒草代表的烏頭只要上山就能找到，而且只要少量，就能發揮毒效。之所以會成為人人皆知的毒草，是因為它曾經在現實生活的殺人案件中出現，就連推理小說也常把這種植物當作毒藥來使用。烏頭的毒量依照根＞花＞莖＞葉的順序遞減，但即使是**毒量較少的葉子，只要吃下2到3片，就算是成人也會喪命**。

烏頭中含有多種能讓身體麻痺的毒素，例如「烏頭鹼」（aconitine）。**烏頭鹼是一種劇毒，只要2至6毫克，就能致人於死地**。不小心吃到的話，麻痺的感覺就會從嘴巴一直擴散到四肢，最終導致呼吸停止而死亡。而且**只要10到20分鐘就會出現症狀，發揮效力的速度非常快，目前還沒有解毒劑**。

烏頭是毛茛科烏頭屬的植物總稱。日本幾乎每年都會發生烏頭中毒事件，因為有人誤將其當作山菜來食用。不過這種植物的花朵形狀非常特殊，看起來像「烏兜※」，所以很少有人會把它與其他植物弄混。但是如果只看葉片的話，因為形狀與二輪草（又稱鵝掌草。*Anemone flaccida*）及笠蟹甲（*Japonicalia delphiniifolia*）之類的山菜非常相似，所以才會導致食物中毒。

※ 烏兜：在日本傳統藝能「舞樂」中，戴在頭上的鳳凰頭裝飾品。

日本北海道的阿伊努人會從烏頭根部提取毒藥，將其塗抹在箭上，這樣在獵捕棕熊的時候就能派上用場。烏頭的毒只要長時間加熱，毒性就會降至 1/200，如此一來獵獲的肉可以食用。不過一次如果吃太多，身體還是會感到麻痺的。

Nerium oleander

夾竹桃

守

連牛都能殺死的毒

呵呵呵，即使枯萎，
毒性還是在喔……。

2017 年，日本曾經發生兩名小學生因為食用校園內種植的夾竹桃葉而住院的案例。

有一種昆蟲叫做夾竹桃蚜（*Aphis nerii*）的，專門吸食夾竹桃的汁液。

折斷樹枝時流出的白色液體（乳膠）若是碰到皮膚就會引起過敏。

毒性等級

分類：真雙子葉植物・龍膽目・夾竹桃科

大小：高 2 ～ 6 公尺

分布：亞洲、歐洲、北美洲

夾竹桃天蛾竟然會冒著中毒的風險去吃夾竹桃，真的是很奇怪。

夾竹桃不是日本的原生植物，但是現在學校和公園等普遍都有栽種。夾竹桃雖然怕冷，但是花朵美麗，生命力強又不容易遭受蟲害，因此非常容易管理。

但是，夾竹桃有劇毒。這棵植物的可怕之處，在於**樹幹、樹葉、花朵和果實通通都有毒**，就連枯葉也會殘留毒性。像**過去就曾經發生過因飼料中混入少量（1.7～9％）的夾竹桃枯葉而導致肉牛死亡的事件**。

人類若是食用葉片，就會**出現噁心及腹痛等症狀，有時還會因為心臟功能惡化致死**。不過這種毒非常苦，幾乎沒有人會誤食，因此在日本並未發生死亡意外。

毒素如此強烈的植物其實也有天敵，那就是夾竹桃天蛾。這種蛾的幼蟲以夾竹桃的葉片為主食，但是牠們對於毒性並不是完全免疫。其實牠們是利用不易吸收毒素的消化器官，以及可以保護神經免受毒素侵害的膜等方式來抵抗毒素。而且這些毒素還會隨著糞便排出，根本就不會囤積在體內。

夾竹桃天蛾的成蟲顏色不是用來警示毒性的「警戒色」，而是和葉子非常相似的「保護色」。牠們的成蟲會吸食各種花蜜，不過幼蟲時期攝取的葉子毒素幾乎不會殘留在體內，所以這些毒應該是沒有防禦作用。

Eucalyptus spp.

尤加利

守

難以消化的毒

無尾熊啊，為什麼你不會**拉肚子**呀！？

人類吃尤加利葉雖然不會致命，但是舌頭會有刺激的感覺。

無尾熊還會利用肝臟來分解毒素。

含有大量的油分，所以容易引發森林火災。

※ 尤加利是尤加利屬中，超過 700 種植物的總稱。

毒性等級

分類：真雙子葉植物・桃金孃目・桃金孃科

大小：高 1 ～ 60 公尺

分布：澳洲、新幾內亞等地

尤加利：「我應該非常難吃才對呀……」
無尾熊：「嗯？我都是吃不難吃的呀～（丟掉）」

尤加利主要生長在澳洲及其周邊的島嶼，但很少有動物會食用，因為這種植物**纖維多，營養價值低，又苦又油膩，而且還有毒**。雖然毒素沒有那麼強烈，但卻含有「單寧」、「萜烯」（terpene）、「氰苷（cyanogenic glycoside）」和「酚類化合物」等多種成分，因此食用尤加利不是一件容易的事。

不僅如此，尤加利的**抗旱能力非常強，這在多沙漠的澳洲頗有優勢**。雖然澳洲經常發生山林火災，但是尤加利的種子能夠承受山火，還可在一片焦土之中率先發芽，所以**尤加利科的植物才會在澳洲的森林樹木佔了超過七成的比例，極為繁盛**。

專門吃這種難以下嚥的尤加利的動物，就是無尾熊。牠們的盲腸在哺乳動物中堪稱最長，而且還會藉助棲息於腸道之中的細菌力量來消化纖維，分解毒素。不僅如此，無尾熊還會仔細確認氣味和味道，只挑選毒素較少的嫩葉來吃。因此在動物園裡餵無尾熊吃尤加利時，牠們通常會剩下八成不吃，可見無尾熊對於葉子的風味非常挑剔。

無尾熊通常要花上一段很長的時間來消化營養價值低的尤加利，因此牠們大部分的時間都會靜靜地待在樹上，以免浪費能量。尤加利雖然難吃，但是沒有爭奪食物的競爭對手，也算是生活一大優勢，是吧？

Heracleum mantegazzianum

大葉牛防風

一旦碰到樹液，就會嚴重灼傷！

守

只要照到陽光就會產生的毒

這種毒可以保護自己，免受昆蟲和哺乳動物的侵害。
不過牛和豬吃了這種草卻不會有問題。
清除這種植物的時候要穿防護衣，戴護目鏡。

毒性等級

分類：真雙子葉植物・繖形目・繖形科

大小：高 2 ～ 5 公尺

分布：東歐

潔白美麗的花朵，加上誘惑迷人的樹液。但若覺得它很美而去摸，那就完蛋了。

大葉牛防風是一種可長得比人還要高的巨大植物。這種植物**含有的毒素叫做「喃香豆素（furanocoumarin）」，只要葉子或莖被折斷，就會分泌出毒液**。少量毒液進入口中通常不會造成傷害，但是**手臂、嘴唇等身體外部若是沾到就會變得非常危險**。因為這種毒素具有「光毒性」，只要受到陽光（紫外線）的照射，就會帶來危險。

皮膚如果沾到大葉牛防風的汁液並暴露在紫外線底下的話，不僅會引起劇烈疼痛，還會形成類似灼傷的水泡。而且這種傷口非但不容易痊癒，更會留下潰爛般的疤痕。特別要注意的是，如果不慎進入眼睛，甚至可能導致永久失明。目前這種植物尚未傳入日本，但還是要記住它的外觀與特徵。

芸香科（*Rutaceae*）的檸檬和葡萄柚也有「呋喃香豆素」，但是沒有大葉防風草那麼強烈。這種毒性成分通常會集中在果皮處，因此擠出的果汁塗抹在皮膚上後直接曝曬在陽光底下是一件非常危險的事，因為這可能會形成宛如燙傷的水泡，有時還會留下疤痕，所以最好不要在戶外擠檸檬。

同為繖形科的西芹與荷蘭芹的汁液，也有可能因為個人體質的差異而在陽光照射下引起水泡。雖然繖形科和芸香科植物都含有「呋喃香豆素」，不過柑橘鳳蝶（*Papilio xuthus*）和黑鳳蝶（*Papilio protenor*）的幼蟲只吃芸香科植物，而黃鳳蝶（*Papilio machaon*）的幼蟲則只吃繖形科植物。

Solanum tuberosum

馬鈴薯

守

潛藏於日常的毒

你家裡也有毒！

莖、葉及果實都有毒。

天氣變暖時會發芽，所以要放在冰箱裡，這樣才能抑制發芽。

皮若變成綠色，就是危險信號。

分類：真雙子葉植物・茄目・茄科

大小：高 50 ～ 100 公分

分布：南美洲

毒性等級

在有毒植物中，最常讓人食物中毒的是馬鈴薯。以日本為例，過去這50年來已有918人因為食用馬鈴薯而中毒。

我們所吃的馬鈴薯是地下莖※膨脹的「塊莖」，並不是果實。馬鈴薯在夏季會將養分儲存在地下塊莖中，到了冬天，地上的莖就會枯萎。然而**春天來臨時，它會依靠儲存在塊莖中的養分開始發芽，於是莖就會長出來。**

薯類通常生長在土壤裡，因此不易被動物吃掉，相對安全。但是春天萌發的新芽若是被吃掉那就麻煩了，所以**馬鈴薯會在塊莖中製造「茄鹼（Solanine）」和「卡茄鹼（Chaconine）」之類的毒素，並且儲存在芽裡頭。**

※地下莖：位於土壤中的莖。與根不同，不會吸收水分和養分。

日本在2000至2015年間發生的27起馬鈴薯食物中毒事件中，有24起地點在學校。這些中毒事件，是因為自然科學課程所栽培的馬鈴薯在校內烹調後所引起的。據說在學校的花壇等地方栽種的小型馬鈴薯如果還沒成熟，毒素含量通常會較多。一旦中毒，飯後約在30分鐘內就會出現噁心、腹瀉、腹痛、頭暈等症狀，有些人甚至需要住院治療，但目前在日本尚無死亡案例。

馬鈴薯只要經過「輻射線」照射處理，即使在溫暖的環境中也不會發芽，因為穿過馬鈴薯的輻射線會破壞發芽組織。雖然照過輻射線，但是馬鈴薯並不會因此產生輻射，因此危險性會比毒素還要來的低。

Cryptomeria japonica

柳杉

守

會引起花粉症的毒

季節輪替，唉～今年又要鬱卒了嗎？

屋久島的柳杉有不少樹齡超過 2000 年的古樹。

有些人只會對特定植物的花粉出現過敏反應。

與柳杉同屬針葉樹的扁柏也是花粉症的成因。

雀稗（*Dactylis glomerata*）和豚草（*Ambrosia artemisiifolia*）之類的風媒花也會引起花粉症。

分類：球果類※・松柏目・柏科

大小：高 40 ～ 60 公尺

分布：日本

※過去被歸類為「松柏綱（*Pinopsida*）」，但近年的 DNA 分析結果，將單系統的松類、買麻藤類（*Gnetum*）及柏類統稱為「球果類」。

毒性等級

我是不是會讓人類很鬱悶呢？真的很抱歉，明年也請多多指教！

柳杉有「雄花」和「雌花」之分。當雄花產生的花粉藉著風力四處飛散，落在其他柳杉的雌花上受粉時，就會形成種子。這種藉由風力傳播花粉的花稱為「風媒花」，與**依靠昆蟲傳播花粉的「蟲媒花」相比，柳杉成功授粉的機率較差，因此需要釋放大量的花粉才行**。

許多日本人在看到新聞報導花粉飛散的畫面時，應該會覺得毛骨聳然，但是**這些花粉本身並無毒性**。然而當花粉從眼睛或鼻子進入體內時，就會出現流淚、流鼻水、搔癢及打噴嚏等不適症狀。**這是「免疫系統」所導致的「過敏反應」**，因此每個人的症狀差異很大，有些人甚至完全毫無異狀。

柳杉是相當實用的木材來源。所以當第二次世界大戰之後木材需求大增時，日本人便在各地大量種植杉樹苗。但之後因為可以從國外購買便宜的木材，使得日本國內的杉林漸漸疏於管理。結果，茁壯成長的柳杉一到春天就會開始散佈大量的花粉，導致花粉症大量流行。

像花粉這種會引起過敏反應的物質（過敏原）廣義上而言也是毒素，但是會出現過敏反應的個體差異卻非常大。在東京和大阪舉行的特別展「毒」也有展示花粉，不過似乎有些參觀者卻納悶：「這也是毒嗎？」

Trichoderma cornu-damae

火焰茸

碰一下就危險的毒

熊熊燃燒的毒火焰！？

只要食用3公克，小命可能就會沒了。

就外觀來看明顯有毒，因此中毒案例很少，但在2000年卻還是發生了死亡事故。

即使救回一命，也有可能會對腦部造成後遺症。

分類：糞殼菌綱・肉座菌目・肉座菌科

大小：高3～13公分

分布：亞洲、澳洲

毒性等級

火焰茸受到關注其實是近幾年的事。它在以前是一種罕見的蕈菇，但是隨著「橡樹枯萎病※」的增加，在枯木周圍生長的火焰茸也就變得越來越常見了。

火焰茸一看就像是帶有劇毒的蕈類，也確實曾經發生過食物中毒的案例。這是因為它的外型與可以食用的梭形擬鎖瑚菌（*Clavulinopsis fusiformis*）以及冬蟲夏草（*Ophiocordyceps sinensis*）等蕈菇極為相似。它在過去非常罕見，即使是採菇經驗非常豐富的人，也有可能會誤採。

火焰茸的毒素在菇類中屬於最強等級，食用後只要過10～30分鐘，就會出現噁心和腹瀉等症狀，接著會**感到身體麻痺，呼吸困難，最後還有可能因為內臟及腦部受損而死亡，是一種非常可怕的蕈類**。

※橡樹類（枹櫟和麻櫟等會結出橡實的樹木）的傳染病，感染後會枯死。

這種蕈菇最大的特徵，就是「只要稍微碰到，就會很危險」。其他的毒蘑菇不管毒性有多強，只要不吃就不會有害。但是火焰茸的毒素「鐮孢菌毒素（Trichothecenes）」卻有可能從皮膚表面被吸收，進而引起皮膚發炎。因此只要在公園等處發現火焰茸，通常會立即清除，並且立牌提醒民眾注意。

雖然常聽人說「不要觸摸火焰茸」，但如果只是用指尖輕輕碰觸，其實也不必過度恐慌。不過手指上的毒素要是接觸到眼睛、鼻子或口腔等黏膜部位的話，後果有可能會不堪設想，所以保持適當距離，態度謹慎會比好。

各種毒蕈菇

爲什麼蕈菇會有毒？

大家應該都知道有些蕈菇帶有毒性。特別是生吃的時候，即使是像香菇或金針菇這類為了食用而栽培的菇類，也有可能會導致食物中毒。蘑菇和牛排菌（*Fistulina hepatica*）之類的蕈菇確實可以生食，但是除了這些少數例外，基本上蕈菇都應該要避免生食。

事實上，蕈菇含有毒素的原因尚不清楚，但有人推測是「為了避免被食用」。動物吃的通常是蕈菇的「子實體」，是一種類似植

牛排菌

例外可生食的野生蕈菇。

野生金針菇

含有金針菇毒蛋白（Flammutoxin）這種「血毒素」，但是只要加熱，就可以解毒。

物「花與果實」、會產生「孢子」的器官。所以子實體若是在孢子形成前就被吃掉的話，那就無法繁衍後代。因此，在子實體長大到能產生孢子之前，利用毒來防止被吃掉說不定會相當有利。

然而蕈菇毒素種類繁多，有些昆蟲會食用對人類有毒的蕈菇，反之亦然。而且有研究發現，許多蕈菇其實上是藉由被動物食用的方式來將孢子傳播到遠處，所以蕈菇是不太可能為了避免被人類食用而演化出毒素。至於對人類有害的蕈菇毒素在自然界中究竟扮演什麼樣角色，至今依然是個謎。

毒蠅鵝膏菌

鼎鼎有名的毒蕈菇，但常被鹿或昆蟲食用。

鱗柄白鵝膏

有劇毒，但有時會被蟲子吃掉。

如何辨別毒蕈菇？

沒有簡單的方法可以辨別蕈菇是否有毒。我們不能單憑和「警戒色」一樣鮮豔的色彩來判斷眼前的蕈菇是否有毒，因為像擬橙蓋鵝膏（*Amanita caesareoides*）和宮部擬鎖瑚菌（*Clavulinopsis miyabeana*）就是鮮紅色的食用菇。相反地，我們也不能因為顏色樸素就認為無毒，因為像粗鱗粉褶菌（*Entoloma* sp.）和日本臍菇（*Omphalotus japonicus*）等外觀樸素而且又與食用菇相似的毒蕈菇其實也不少。

另外，即使是同一種蕈菇，形狀也可能會大不相同。加上許多菇類彼此之間外觀相似，容易混淆，因此自行判斷並食用野生蕈菇其實是一件非常危險的事。

火焰茸

含有劇毒，已有食用後死亡的案例報告。據說只要一接觸，就有可能會引起皮膚過敏。

宮部擬鎖瑚菌

看起來像毒蕈菇，但可以食用。與帶有劇毒的火焰茸相似。

擬橙蓋鵝膏

雖然色彩鮮豔，而且屬於含有多種劇毒種類的鵝膏菌科（*Amanitaceae*），但實際上是美味的食用菇。

半裸蓋菇

含有會引發幻覺的毒素。是所謂「迷幻蘑菇」的一種。

日本臍菇

含有會引起噁心和腹瀉的毒素。外型與可食用的香菇相似，因此經常發生中毒案例。

棒柄瓶杯傘

喝酒時一起食用會導致酒精中毒的毒素。雖然是美味的蕈菇，但食用的前後兩天都不應該喝酒。

鹿花菌

具有會引起噁心、腹瀉、身體麻痺以及破壞細胞的毒素。在世界上，只有芬蘭等極少數地區會將其去毒之後再食用。

粗鱗粉褶菌

具有會引起噁心、腹瀉和身體麻痺的毒。由於與食用的粗柄粉褶菌 (*Entoloma sarcopum*) 和占地菇（*Lyophyllum shimeji*）等相似，導致中毒的案例層出不窮。

Gambierdiscus toxicus

雙鞭毛藻

守

囤積在魚體內的毒

毒素會越來越濃，然後在你的嘴裡……！

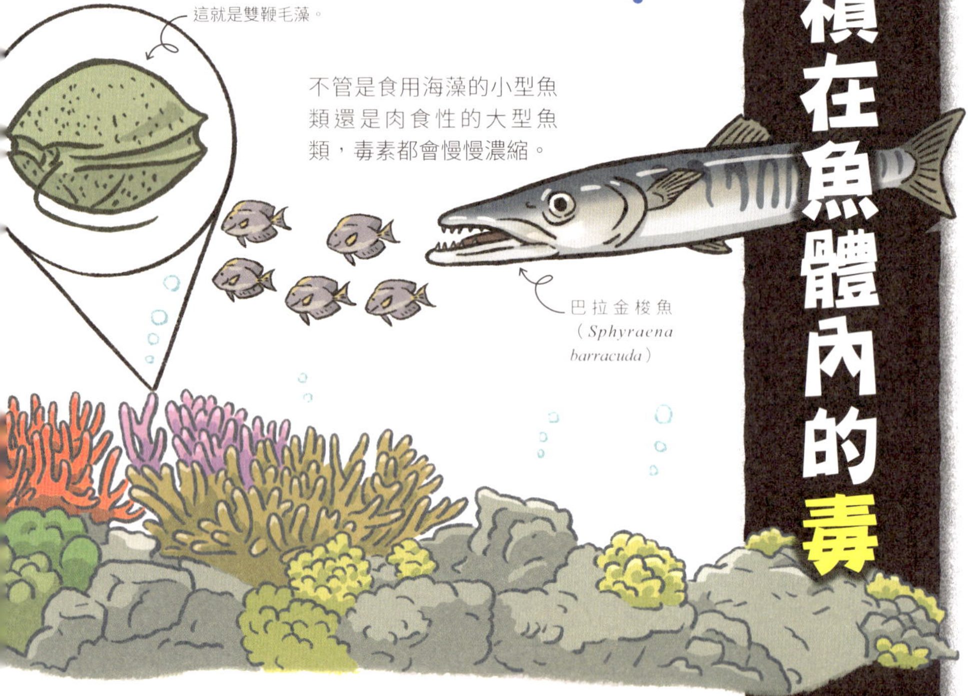

雙鞭毛藻產生的毒是「雪卡毒素（Ciguatoxin）」和「刺尾魚毒素（Maitotoxin）」。

而會引起雪卡毒魚類中毒（Ciguatera fish poisoning，CFP）的「甲藻（Dinophyceae）」還有其他一些已知的種類。

分類：甲藻綱・膝溝藻目・蠣甲藻科

大小：直徑 0.1 公釐

分布：太平洋與印度洋等溫暖海域

毒性等級 ☠☠☠

雙鞭毛藻是一種「甲藻」，屬於「單細胞生物」，通常會附著在珊瑚礁等處的海藻表面，利用陽光和二氧化碳進行「光合作用」。

這種雙鞭毛藻會在體內產生毒素，但是產生毒素的動機尚不明確。食用海藻的魚類會連同附著在上面的雙鞭毛藻一起吃下，不過這些魚並不會因此而中毒身亡。

但是對人類來說，這種毒相當危險。**雙鞭毛藻的毒素會囤積在魚體內，因此食用這些魚的人會出現「雪卡毒魚類中毒」（以下簡稱「雪卡毒」）症狀**。如果感染雪卡毒，數小時內就會出現**畏寒、噁心及身體麻痺等症狀**。雖然致死率不高，但是不易治癒，相當棘手。

常引起雪卡毒中毒的魚類包括巴拉金梭魚（譯註：俗稱針梭，澎湖地區稱「爛投梭」）和爪哇裸胸鱔（*Gymnothorax javanicus*，譯註：俗名錢鰻，澎湖地區稱「糬鰻」）等棲息在珊瑚礁的大型肉食性魚類。當小型的食藻魚被中型魚捕食，中型魚又被大型魚捕食的話，囤積在這些魚類體內的毒素就會越來越濃。

但因難以判斷這些魚類是否含有毒素，因此日本的厚生勞動省（相當於臺灣的衛生福利部及勞動部）已禁止販售巴拉金梭魚等特定的魚類。

Clostridium botulinum

肉毒桿菌

甜美可口的毒蜜？

曾被研究作為戰爭中的生物武器。

肉毒桿菌毒素（botulinum toxin，BTX）稀釋後製成的藥物稱為「肉毒桿菌注射劑」。

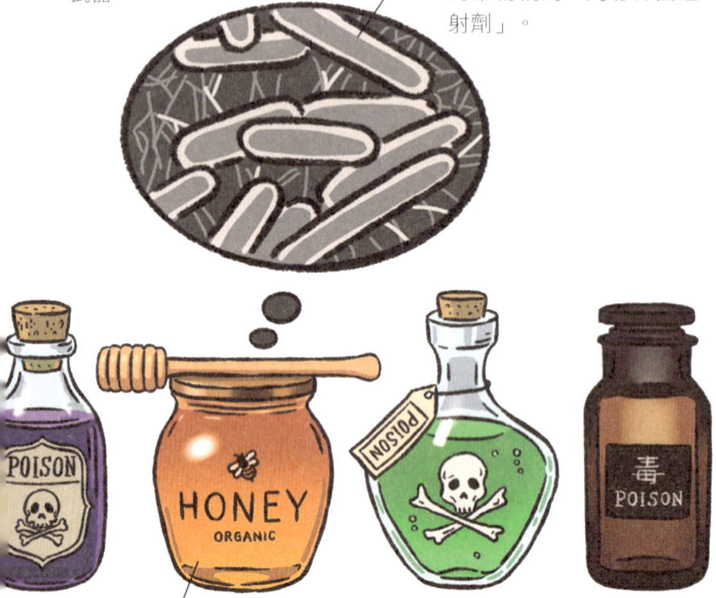

蜂蜜中有時會存在著肉毒桿菌。

有些發酵食品及罐頭裡頭幾乎沒有氧氣，要是摻雜著肉毒桿菌，就會非常容易在裡頭繁殖，成為食物中毒的因素。

分類：梭菌綱・真桿菌目・梭菌科

大小：直徑約 0.001 公釐

分布：世界各地

毒性等級：☠☠☠☠☠

毒品在某些情況下可以變為藥物，重要的是如何與其和睦相處。

肉毒桿菌產生的「肉毒桿菌毒素」被認為是所有毒素中最強的，而且強大到**只要1公克，就可以奪走超過一千萬名的成年人性命**。

肉毒桿菌不喜歡氧氣，通常潛藏於土壤中或水底等地方。但就算**接觸到氧氣也不會死亡，只會形成「芽孢」這種外殼，暫時停止活動而已**。

肉毒桿菌並不是隨時都在釋放毒素。牠們的毒素是在活躍時期產生的，並像「排泄物」一樣被排出體外。由於人體腸胃裡頭的環境沒有氧氣，因此當肉毒桿菌隨著食物從口中進入體內，就會變得相當活躍，並且開始在人體內釋放毒素。只要過**一至兩天內，身體就會開始麻痺。情況若是嚴重，還會因為呼吸停止而死亡**。

不能讓嬰兒食用蜂蜜，是因為這裡頭可能含有肉毒桿菌的芽孢。成年人的腸道裡頭有大量的細菌，即使腸內的肉毒桿菌變得活躍，也會受到其他細菌的干擾而難以繁殖。但是嬰兒腸道內部的細菌較少，肉毒桿菌容易繁殖，一旦出現症狀，就有可能會有喪生。

肉毒桿菌素有7種，不僅對人類有毒，有些的毒性還會發揮在鳥類、魷魚、昆蟲身上。不過這些毒素對肉毒桿菌本身來說似乎沒有什麼實際作用。或許是牠們的排泄物剛好對各種生物有毒吧。

專欄

亦可成為良藥的毒

毒藥、劇藥

即使是相同的物質，只要情況不同，就有可能是「毒」，也有可能是「藥」。但不管是毒還是藥，都是少量就能對人體產生重大影響的物質。而之所以當作藥物來使用，目的是要透過這種影響來治療生病所帶來的不適症狀。

但是當作藥物使用時，如果劑量不當，同一物質所擁有的毒性就會顯現出來，這樣反而會變成毒藥。因此劑量一定要遵守規定，否則使用的藥物就有可能對身體造成嚴重傷害。

肉毒桿菌素（毒藥）

只要善用肉毒桿菌的毒素，就能帶來放鬆肌肉、緩解痙攣等效果。

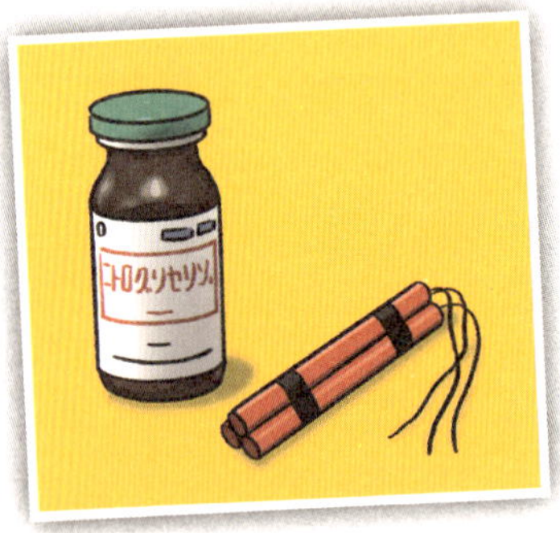

硝化甘油（劇藥）

只要搖晃就會爆炸的液體。稀釋過後再注射的話可以帶來擴張血管的效果。

有些處方藥會稱為「毒藥」或「劇藥※」。這些藥物的安全劑量與會對身體造成嚴重傷害的劑量之間的差距非常小，因此特別需要注意用量。像是使用生物當中毒性最強的肉毒桿菌毒素或「硝化甘油」（即炸藥原料）所製成的藥物，就是這類處方藥。

另外，研究生物毒素並將其當作藥物來利用是長久以來的做法。例如，劇毒植物中的烏頭含有「烏頭鹼」這種「神經毒素」，不過這種植物的根部在中藥中稱為「附子」，只要加熱處理，就能減弱毒性，當做心臟方面的藥物來使用。

而近年來，透過分析生物毒素成分或使用基因改造等技術，也能開發出新的藥物。

※毒藥的危險性大約是劇藥的十倍。

去氨普酶

（Desmoteplase，血栓溶解藥物的一種）

利用吸血蝙蝠唾液中所含的成分（纖維蛋白溶解酶原活化因子，Plasminogen Activator）製成的藥物，可溶解血管中堵塞的「血栓」。

北海道烏頭

附子

烏頭的根部。本身有劇毒，但將毒性降低至安全範圍之後再來使用的話，就能有效促進新陳代謝。

麻藥

麻藥原本的意思是「使神經麻痺的藥物」，與「麻醉劑」及「鎮痛劑」的意義幾乎相同。麻藥中相當有名的「嗎啡」以及為了加強效力而使用的「海洛因」，可以用來舒緩末期癌症等疾病所引起的劇烈疼痛。然而這些麻藥不僅能緩解疼痛，還會對大腦發揮作用，使其引發幻覺，有些人就是為了這種副作用而使用。這些麻藥具有強烈的成癮性，使用後可能會讓人無法正常進行社會活動，所以這些藥物的原料——罌粟這種植物在全球都會受到嚴格管制。

此外，白曼陀羅（或稱南洋金花，*Datura metel*）這種植物也含有與罌粟相同的「生物鹼（alkaloid）」麻醉成分。例如日本江戶時代的醫師華岡青洲就是從白曼陀羅的種子中提煉出麻醉藥，成功完成世界第一個全身麻醉手術。手術雖然成功，但是他的母親卻因為麻醉的副作用而去世了，妻子也因為麻醉而失明。

另外，「麻藥」這個詞有時也會用來指稱「法律上禁止的藥物※」。在這種情況之下的麻藥不僅包括以生物為原料的物質，還有化學合成的藥物。

※在日本，許多藥物因《麻藥及精神藥物取締法》而禁止。雖然嗎啡、海洛因和合成毒品也在這條法律的管轄範圍內，不過管制藥物的法律卻不同，例如大麻適用《大麻取締法》，興奮劑適用《興奮劑取締法》，罌粟則由《鴉片法》管理。因此在法律上，大麻和罌粟不算「麻藥」。（在臺灣，大麻和罌粟都是屬於管制藥品。）

大麻

白曼陀羅的花與果實

罌粟

毒

第七章

哺乳類・鳥類的

這一章要介紹哺乳類和鳥類。這兩類的動物體溫都較高，而且大多活力充沛，幾乎沒有帶毒性的物種。雖然恐龍屬於爬蟲類，但因為鳥類本身就是恐龍的一支，因此本章也會一併介紹。

Ornithorhynchus anatinus

鴨嘴獸

攻

用於決鬥的毒

不管你是誰，我都不會讓步的！

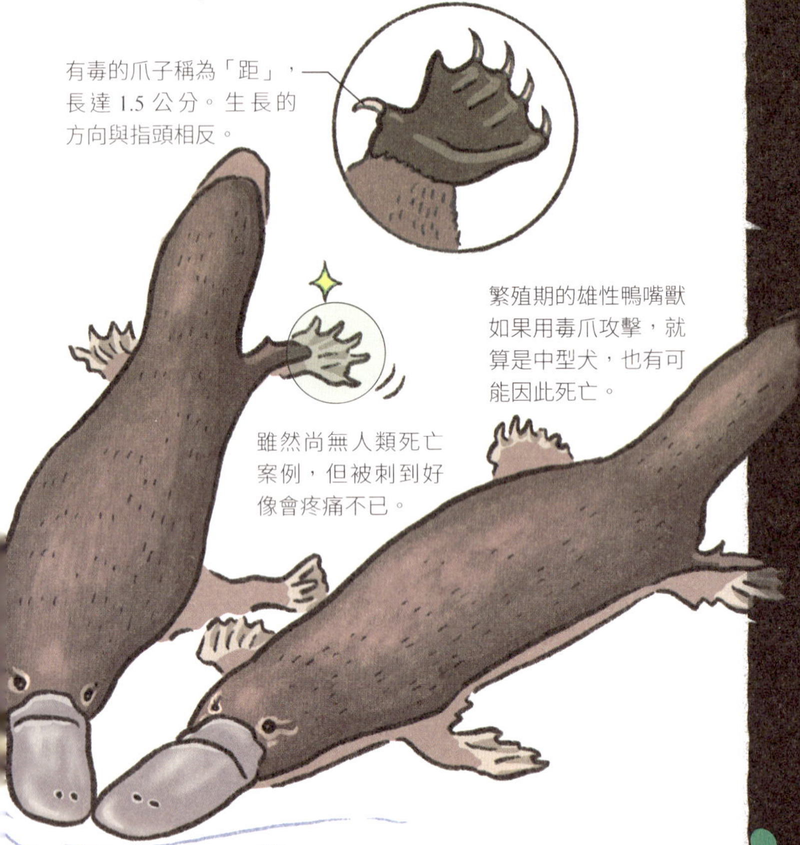

有毒的爪子稱為「距」，長達 1.5 公分。生長的方向與指頭相反。
繁殖期的雄性鴨嘴獸如果用毒爪攻擊，就算是中型犬，也有可能因此死亡。
雖然尚無人類死亡案例，但被刺到好像會疼痛不已。

分類：哺乳綱・單孔目・鴨嘴獸科

大小：體長 30 ～ 45 公分

分布：澳洲

食物：水生昆蟲、甲殼類等

毒性等級 ☠☠☠

什麼都不要說，鴨嘴獸也有不得不戰的時刻……。

鴨嘴獸是一種產卵的哺乳動物，**後腳上有根宛如第六指的「距」。內部是空心的，裡面沒有骨頭。**幼年時期不管雌雄都有，不過雌性的距會在成長過程中脫落。

雄性的後腳跟有「毒腺」，毒液會流經距，從尖端分泌出來。這種**毒在繁殖期會增加，因為這是雄性決鬥時的武器**。

成年的雄性在繁殖期會為了搶奪領地而爭鬥。因為只要擴大勢力範圍，就可以增加與雌性交配的機會。這種**為了交配而用毒的動物幾乎從未被發現過，方式相當罕見**。

像鴨嘴獸一樣會產卵的哺乳類還有針鼴。其實，雄性針鼴也有距，但是沒有毒腺。雄性針鼴會不停地追逐心儀的雌性，因為留到最後的雄性才有資格交配，也就是以「耐力」來決定勝負。因此，像鴨嘴獸那種用來決鬥的毒，針鼴是用不到的。或許是這個原因，牠們的毒腺才會退化。

鴨嘴獸與針鼴是類型極為古老的哺乳動物殘存者。兩者都有管狀的距，說明牠們的共同祖先也擁有距，也有可能從這個地方分泌出毒液。不過這個距，說不定一開始就不是為了與其他雄性對戰而分泌毒液。

Blarina brevicauda

北美短尾鼩鼱

攻 守

為捕食大型獵物而分泌的毒

毒量少，所以人類就算被咬傷也不會因此而喪生。雖然傷口不大，但聽說還是會讓人疼痛不已。

下顎分泌的毒會透過毒牙（有溝槽的兩顆門牙）注入獵物體內。

- **分類**：哺乳綱・真盲缺目・尖鼠科
- **大小**：體長 75 ～ 105 公釐
- **分布**：北美東南部
- **食物**：昆蟲、青蛙、老鼠

毒性等級 ☠☠

鼩鼱（或稱尖鼠）不是老鼠的近親，而是鼴鼠的親戚。牠們在哺乳動物中是體型最小的一類，有些體重僅有1.5公克。**這麼小的身體往往需要充足的熱量才能夠維持高體溫，因此牠們每天必須攝取相當於體重2至3倍的食物才行。**

大多數的鼩鼱唾液中都帶有毒性，會咬住昆蟲或蚯蚓等獵物，**用毒液使牠們失去抵抗能力之後再進食。當中尤以北美短尾鼩鼱的毒性特別強**，這可能是因為**牠們會獵捕青蛙或老鼠等體型比牠們大的獵物**。獵物一旦掙扎，就有可能因為讓自己受到傷害，因此少量的劇毒可以使獵物失去抵抗能力，這在進食過程中是相當有幫助的。

與鼩鼱類堪稱近親的鼴鼠也有唾液含毒的物種，那就是歐洲鼴鼠。牠們會咬住獵物（例如金龜子的幼蟲或蚯蚓）的頭部，用唾液的毒液使其麻痺。如此一來，獵物只會因毒而麻痺，但不會立即死亡。這樣歐洲鼴鼠就能為食物匱乏的冬季做好準備，以新鮮的狀態將大量的獵物保存下來。

擁有毒素的鼴鼠、尖鼠和溝齒鼩（*Solenodon*）等「眞盲缺目」動物，是在有大型恐龍生活的白堊紀中出現的古老類群。更為古老的鴨嘴獸也有毒，或許在遠古時代的哺乳動物當中，擁有毒素是一件相當普遍的事。

Desmodus rotundus

吸血蝙蝠

攻

血會流個不停的毒

沒人能阻止我們吃晚餐！

現代大多吸食牛等家畜的血。
舔血時有可能會傳染狂犬病。

等我啦～
人類晚上若是睡在戶外，也有可能會被吸血。

分類：哺乳綱・翼手目・葉口蝠科

大小：體長 7～9 公分

分布：北美南部、南美洲

食物：哺乳類的血液

毒性等級 💀

蝙蝠A:「嘿。我們是朋友，對吧？」蝙蝠B:「……也許你餓了？」

吸血蝙蝠是**以哺乳動物的血液為主食的蝙蝠**。牠們進食的方式是用和剃刀一樣鋒利的前齒割破睡眠中的動物皮膚，然後舔食流出的血液。而唾液中的毒對於這種進食方式相當有幫助。

吸血蝙蝠的唾液中含有使血液難以凝固的毒素，即使持續舔舐30分鐘，傷口的血也不會停止流動。牠們最多可以吸食相當於自身體重一半的血液，雖然身體會變重，但卻能跳躍移動，並且大量排尿，稍微減輕重量再飛行。

此外，**這種毒素的特性也可用於藥物開發**。對於血管因為血液凝固而阻塞的患者來說，使用這種藥物可以溶解「血栓」，讓血液變得流暢。

吸血蝙蝠通常群居在洞穴之中，天黑後才會外出吸血。但若找不到正在睡覺的動物，就只能餓著肚子回家。在這種情況之下牠們會向成功吸到大量血液的同伴乞食，有時同伴也會吐出血液讓牠們飲用，但似乎只有關係比較親密的蝙蝠才會這麼分享。

要是沒有這種毒素，傷口的血液過沒多久就會停止流出，因此必須多次割傷獵物的皮膚才行。如此一來，被獵物發現的可能性就會增加，因此這種蝙蝠的吸血行為與唾液毒素有可能是一起演化形成的。

Nycticebus spp.

懶猴

守

混合使用的毒

防禦姿態，開啟！

縮成一團、動也不動時看起來就像樹瘤，加上毛髮有毒，所以不用擔心被襲擊。
只要擺出這個防禦姿勢，就可以立即舔到肘部的臭腺，製造毒素。
即使有毒，還是有可能會被蛇或紅毛猩猩吃掉。

※ 懶猴是指懶猴屬（*Nycticebus*）中四個物種的總稱。

分類：哺乳綱・靈長目・懶猴科

大小：體長 27 ～ 38 公分

分布：東南亞

食物：樹液、果實、昆蟲等

毒性等級

正如其名，動作緩慢。會無聲無息地靠近，不知不覺地出現在你身後……。

懶猴的手肘內側有一條會分泌惡臭液體的「上臂腺體」，這種液體與引起「貓過敏」的物質幾乎相同，但還談不上是毒。

此外，懶猴的唾液也是無毒的。但是，舔舐的惡臭液體要是與唾液混合，就會轉變為毒液。這種將各自無毒的物質混合調成毒液的行為非常罕見。

懶猴在梳理毛髮時，通常會舔舐上臂腺體的分泌物來製造毒素，並且塗抹在全身的毛上。這麼做似乎對遠離掠食者及驅逐跳蚤等寄生蟲頗有效果。實際上，當研究人員讓掠食者（例如雲豹和馬來熊）嗅聞這些氣味時，發現牠們對於懶猴的上臂腺體所分泌體液氣味並不排斥，但是對於混合唾液後的毒液氣味卻會露出厭惡的表情。

懶猴會各自在自己的地盤上生活，因此對於入侵地盤的同類相當具有攻擊性，驅趕時似乎也會使用混合的毒素。之所以知道這點，是因為在對整個懶猴科進行調查時，研究人員發現約 57% 的公懶猴和 33% 的母懶猴身上有被其他懶猴注入毒素的咬痕，看來牠們對於入侵地盤的母懶猴也不會手下留情。

我在二十多年前曾經被懶猴咬過。當時不知道懶猴有毒，所以沒有去醫院，慶幸後來沒有出事。不過在現實生活中，確實有人因為沾染到牠們的毒液引發過敏症狀而不幸喪生。

Mephitis mephitis

條紋臭鼬

從臀部噴射的毒

守

噗，哎呀，失禮了。
毒液射程長，最遠可達 5 公尺。
味道像大蒜和石油混合之後放到腐爛的氣味。
肛門腺
臭鼬科有 12 種，每一種放的屁都很臭。

毒性等級 ☠☠

分類：哺乳綱・食肉目・臭鼬科

大小：體長 25 ～ 40 公分

分布：北美洲

食物：昆蟲、果實等

每個人對氣味的喜好都各不相同。那你喜歡什麼樣的味道呢？

人們常說臭鼬的屁非常臭。其實**那股臭味並不是屁，而是從臀部兩側的「肛門腺」噴射出來的液體**。

許多哺乳動物都有肛門腺，但是**這種氣味主要用於同類之間的溝通**。哺乳動物的嗅覺非常敏銳，所以牠們會將臭腺的氣味擦在各個地方，用來宣示勢力範圍，或者是尋找交配對象。

不過臭鼬的臭腺氣味卻演化得特別強烈，而且牠們似乎非常喜歡這種氣味，交配之前還會互相嗅聞，氣味越濃，就越有吸引力。這種偏好，導致**後代的氣味越來越臭，甚至提升到堪稱毒素的程度**。

被臭鼬的毒液噴到的話，會引起頭痛和噁心等症狀，若是不慎進入眼睛，還會有灼熱般的疼痛。雖然這種毒不會致死，但是強烈的氣味會留在記憶之中，讓人不再想去招惹牠。但與哺乳類不同的是，大多數的鳥類嗅覺都不太敏銳。因此像體型較大的大角鴞（*Bubo virginianus*）即使被臭鼬的毒液噴灑到，依舊能毫不在意地將牠們捉來進食。

加拿大的溫哥華只要一到了晚上，臭鼬就會跑出來翻垃圾、找廚餘。這裡的臭鼬可以大搖大擺地在街上走，而且沒有人敢驅逐牠們。因為噴灑的毒液若是沾到皮膚，不管怎麼洗，那股氣味就算超過一週也不會散，所以根本就沒有人想要靠近牠們。

Pitohui dichrous
黑頭林鵙鶲

守

首次在鳥類中發現的**毒**

我可是有點毒的喔，夠嗆吧！

在脊椎動物所擁有的毒素當中，毒性屬於最高等級。

毒素的成分幾乎與金色箭毒蛙相同。

英文名字「Pitohui」是根據牠們的叫聲而取的。

毒性等級 ☠☠

分類：鳥綱・雀形目・黃鸝科

大小：體長 22～23 公分

分布：新幾內亞島

食物：昆蟲

不久前，人們一直以為世上不存在著有毒的鳥類。但是在1990年，博物館卻發生了異常情況。一些接觸到黑頭林鵙鶲標本的研究人員手部突然感到麻痺，而且還帶有灼燒般的疼痛。經過一番調查之後，才發現這種**鳥的皮膚及羽毛含有劇毒**。

黑頭林鵙鶲的毒不是在體內產生的，而是從食物中攝取的。根據推測，牠們是利用這種毒素來防禦附著在身體上的跳蚤等寄生蟲，以及蛇等捕食者。

順便告訴大家，新幾內亞的原住民早就知道這種鳥有毒，因此基本上他們不會把這種鳥抓來吃，但找不到獵物的時候，據說還是會**把鳥抓來，去皮去羽毛之後再食用**。

黑頭林鵙鶲會從食物中攝取毒素，並將其儲存在皮膚和羽毛之中。而帶有毒性的食物，是擬花螢科的昆蟲。不僅如此，新幾內亞還發現了其他有毒的鳥類，例如藍頂鶥鶇（*Ifrita kowaldi*）和棕鵙鶇（*Colluricincla megarhyncha*），一般認為牠們也是藉由食用有毒的昆蟲來積累毒素。因此即使是同一物種，毒性強度也有很大的個體差異。

在現存約一萬種的鳥類中，擁有毒性的不到10種，但是目前尚不清楚為什麼有毒的鳥類這麼少。不過這些為數不多的有毒鳥類都是新幾內亞島的特有種，因此我們可以說是這座島嶼的環境促進了有毒鳥類的演化。

Sinornithosaurus millenii

中華龍鳥

攻

在化石中發現的毒

信不信由你。

有溝槽或管道的毒牙容易斷裂，但是爬蟲類的牙齒卻可以無限次重生。
眼鏡蛇和海蛇（眼鏡蛇科）的毒牙也是「前溝牙型（Proteroglyphous）」。
蝮蛇和響尾蛇（屬於蝮蛇科）的毒牙是「管牙型（Solenoglyphous）」。
順便告訴大家，科摩多巨蜥沒有毒牙，但是毒液會從牙齦滲出來。

分類：爬蟲綱・蜥臀目・馳龍科

大小：全長約 90 公分

分布：中國

食物：肉食

毒性等級

？

有人認為中華龍鳥是利用毒液進行狩獵的恐龍。其實牠們早已絕種，但為什麼會知道呢？因為我們可以**從牙齒的形狀來推測**。

利用咬的方式來釋放毒素的動物，通常擁有專門注入毒液的「牙（毒牙）」。**毒牙有兩種類型，一種是牙齒內側有細溝，另一種是牙齒內部呈管狀，而毒液就是經由這些細溝或內管注入獵物體內的**。

在調查中華龍鳥的化石時，研究人員發現牠們**上顎中段的長牙內側有條細細的溝槽**，因此認為這應該是毒牙。此外，也有人指出牠們的牙齒上方有一個空洞。若是根據這個說法，這個洞就有可能是用來儲存毒液。

但也有人反對中華龍鳥有毒這個說法。理由是上顎的長牙有可能只是碰巧從顎骨脫離，所以看起來才會顯得比較長，而且有溝的牙齒在近親的馳龍（*Dromaeosaurus*）家族成員其實相當普遍。此外，據說用來儲存毒液的上顎空洞在其他研究者的調查中並未得到證實，因此中華龍鳥是否真的有毒，目前其實尚無定論。

中華龍鳥全長約 90 公分，可能會讓人覺得比狗還要大，但是這個全長是包含尾巴在內。那條長長的尾巴如果不算，牠們的體型甚至會比雞還小。對於這種小型的獵食者來說，使用毒液狩獵說不定是一種相當有效的方法。

專欄

生物以外的毒

礦物的毒

本書介紹了具有毒性的生物，但非生物的礦物（礦物質）也存在著具有毒性的物質。這些物質我們通常不會特意去食用，但是它們卻可能會經由飲用水或食物進入體內，或是在礦場的時候因為不小心吸入細小的粒子而進入體內。

例如，汞、鉛、砷、硒、鉈、鎘之類重金屬即使少量也會對人體有害。這些物質在自然環境中不是以純物質，而是以「化合物」的形式存在，自古以來用途相當廣泛。但由於人們對這些重金屬的毒性了解不足，故在使用這些物質時，有時也會讓人因此而喪命。

白粉

以前日本女性在化妝時，通常會用白粉將整張臉塗白。但是白粉中含有鉛和汞，若是長期使用，就會導致貧血、痙攣和腦部損傷等症狀。

辰砂（俗稱硃砂）

是一種天然礦物，含有硫化汞，在中國是當作藥物來使用。據說秦始皇相信它是長生不老藥而飲用，但真相不明。

因毒致病的眾多患者

日本學生在上社會課時所學到的「四大公害病」，是指因為原本的環境中不存在的毒素不慎洩漏而引起的疾病。

日本的「水俣病」和「新潟水俣病（第二水俣病）」是因為工廠排放的廢水中所含的「甲基汞」進入魚類和貝類的體內，導致食用這些海鮮的人生病。而所謂的「痛痛病」，又稱疼痛病、骨痛病，是1950年的富山縣在開採鋅礦時，產生的「鎘」流入河川，導致使用該河水的人們因為生病而出現的症狀。而「四日市哮喘」則是日本三重縣四日市於1960年到1972年間，因工廠排放的煙霧中含有「二氧化硫氣體」，導致吸入這些廢氣的人們因此而生病。

- 甲基汞中毒

神經系統受損導致無法行走、語言能力變差或視力減退。

- 鎘中毒

骨骼會變得脆弱，有些人甚至只要打噴嚏就會骨折，而且還會出現尿量過多的症狀。

- 二氧化硫氣體中毒

喉嚨和肺部周圍（支氣管）會感到疼痛，而且會呼吸困難。有時會對肝臟造成嚴重損害。

石棉（石綿）

雖然是礦石，但由細小的纖維所構成，可以加工製成布狀。加上不會燃燒，因此曾經用來當作燈芯及建築材料，不過現在已經發現石棉的細小粉塵若是吸入體內，恐會導致癌症等疾病。

作爲武器的毒

有一件非常可怕的事，那就是人類發明了讓敵人在戰爭中喪失戰鬥能力的毒，也就是「毒氣」這個化學武器。

若是單純比較毒性的強度，毒氣與生物的毒素相比其實不算強。但這是為了當作武器而開發的，所以能有效地使人類喪失戰鬥能力。

以「VX」為例，這是一種神經性毒氣，無臭無味，因此人們可能在不知情的情況下不停地吸入，當症狀出現時，恐怕為時已晚。而且這種毒氣若是在周圍瀰漫將近一週，即使戴著防毒面具，也會透過皮膚滲入體內。

不過人們逐漸認識到即使是戰爭，也不應該使用這類毒氣。因此《禁止化學武器公約（CWC）》於1997年正式生效，而目前大多數的國家也都禁止開發和持有毒氣※。

- 芥子氣（sulfur mustard）
1859年德國開發的毒氣。吸入後會使鼻子和眼睛等黏膜潰爛，後遺症包括致癌性。曾經在第一次世界大戰和第二次世界大戰中使用過。

- 沙林（sarin）
1859年德國開發的毒氣。吸入氣體或沾上皮膚會導致神經麻痺。1994至1995年，奧姆真理教曾經在恐怖襲擊中連同VX氣體一同使用。

※ 以色列、北韓、埃及和南蘇丹這四個國家尚未同意該公約的簽署程序。

- **VX神經毒劑**

1952年英國開發的毒氣，是毒性比沙林還要強的神經麻痺毒。2017年，北韓的金正男在馬來西亞機場就是被這種毒氣暗殺的。

各種物質的毒

最後要比較的是主要生物毒素與無機毒物的強度。大家會發現生物毒素當中，有些毒性確實極其強大。LD_{50}是指進入體內後可能致命的毒物劑量（致死量）的參考指標。相關詳情，可以參閱第120頁。

毒的種類	LD50（mg / kg）	
肉毒桿菌毒素	0.0000011	生物來源
破傷風桿菌毒素	0.000002	生物來源
海洋渦鞭毛藻毒素	0.00017	生物來源
岩沙海葵	0.00025	生物來源
戴奧辛	0.0006	化學物質
黑頭林鵙鶲	0.002	生物來源
河豚毒素	0.01	生物來源
VX神經毒劑	0.015	化學物質
內陸太攀蛇毒素	0.025	生物來源
烏頭毒素	0.3	生物來源
豹斑鵝膏毒素	0.4	生物來源
沙林毒氣	0.5	化學物質
砒霜（砷的化合物）	2	礦物來源
氰化鉀	5～10	化學物質
尼古丁	7	生物來源
氯化汞	26～78	礦物來源
氨	50	化學物質
咖啡因	200	生物來源
酒精（乙醇）	5000～14000	化學物質

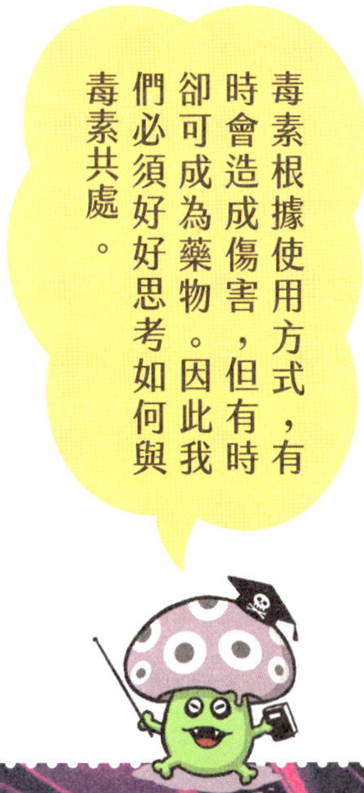

毒素根據使用方式，有時會造成傷害，但有時卻可成為藥物。因此我們必須好好思考如何與毒素共處。

Conclusion

結語 毒與演化

本書介紹了有毒生物，並盡量帶出牠們「為什麼以及如何演化出毒素」這個議題。

演化並不是為了某個特定目的而發生的，因此「為了不被敵人吃掉而演化出毒素」這種說法其實是錯誤的。擁有毒素的生物可以說是「當偶然出現具有微量毒素的個體時，如果這種毒素有利於生存，那麼就可以留下更多後代，並且累積，加以演化而來的」，算是「演化是偶然累積之下得到的結果」。

這本書的監修，由特別展「毒」※的監修者——國立科學博物館的老師負責。能夠請到各個領域的專家協助監修是一件相當難得的事，代表這是一本內容非常豐富的書。

有毒生物常常給人負面印象，但是毒素也只不過是生物「偶然」獲得的生存手段之一，所以我希望大家能透過分佈在這個世界上的毒物，重新認識生命的有趣之處。

※2022至2023年在國立科學博物館和大阪市立自然史博物館舉辦的展覽。

丸山貴史（本書作者）

薔薇帶鰆 …… 94
去氨普酶（血栓溶解劑） …… 149
ㄒ 吸血蝙蝠 …… 149、158
硝化甘油 …… 148
細腰黑泥壺蜂 …… 64
西洋蜜蜂 …… 65
ㄓ 中華龍鳥 …… 166
中國蛇吻頸槽蛇 …… 58
ㄔ 赤腹蠑螈 …… 42
長腹土蜂 …… 82
赤魟 …… 98
辰砂 …… 168
ㄕ 沙居食蝗鼠 …… 71
殺手芋螺 …… 116、122
石棉（石綿） …… 169
雙鞭毛藻 …… 144
沙林 …… 170
ㄖ 日本臍菇 …… 143
日本鰻 …… 96
日本蝮蛇 …… 47
日本紅螯蛛 …… 72、123
日本黃蜂 …… 82
日本鰻鯰 …… 90
肉毒桿菌 …… 146、148
肉毒桿菌素 …… 148
染色箭毒蛙 …… 81
ㄗ 子彈蟻 …… 66
ㄘ 菜蝶絨繭蜂 …… 63
粗鱗粉褶菌 …… 143
ㄙ 三井寺步行蟲 …… 60
僧帽水母 …… 108
斯氏興透翅蛾 …… 83
ㄠ 澳洲箱形水母 …… 106、123
ㄡ 歐洲鼴鼠 …… 156
ㄦ 二氧化硫氣體 …… 169
ㄧ 煙草 …… 103
異色瓢蟲 …… 81
岩沙海葵 …… 123
尤加利 …… 130
奄美鞭蠍 …… 74
亞利桑那樹皮蠍 …… 70
伊魯坎吉水母 …… 106
夜海葵 …… 110
野生金針菇 …… 140
鴨嘴獸 …… 154
眼鏡王蛇 …… 26
銀杏 …… 101
罌粟 …… 151
ㄨ 烏頭 …… 126
無尾熊 …… 130
ㄩ 月尾兔頭魨 …… 92
鴛鴦 …… 81
源氏螢火蟲 …… 58

照片出處：

P45 上方照片：feathercollector / PIXTA、中間：PACO COMO / PIXTA、P46 右方照片：Penguin Love / photolibrary、P47 照片：フロッガ / photolibrary、P81 第一排右側照片：shoken / photolibrary、第一排左側照片：taakan / photolibrary、P81 第二排右側照片：umiushi / photolibrary、第二排左側照片：インディ / photolibrary、第三排右側照片：Majimun / photolibrary、第三排左側照片：feathercollector / photolibrary、P83 右上照片：omotodake2 / PIXTA、左上照片：H.K / PIXTA、下方照片：J_Pagoda / PIXTA、P101 右側照片：hanahana / PIXTA、P102 照片：masa / PIXTA、P123 右上照片：黑潮生物研究所、左下照片：seiwatanabe / PIXTA、P143 上排中間照片：gorosuke / PIXTA、P168 照片：麻布十番照片 / photolibrary、P169 照片：rogue / PIXTA、P45 下方照片、P81 右側第四排照片、P123 左上排照片、P151 第 1、2、3 排照片：丸山貴史、P103 下方照片、P151 第四排照片：三宅克典、其他照片：國立科學博物館、Shutterstock、Freepik

參考文獻：

特別展《毒》（讀賣新聞社、富士電視台）

索引

ㄅ 白曼陀羅 …… 151
波布水母 …… 123
豹蛙 …… 156
北美短尾鼩鼱 …… 156
棒柄瓶杯傘 …… 143
北海道烏頭 …… 149
白粉 …… 168
巴拉金梭魚 …… 144
北方鋸角螢 …… 58
半裸蓋菇 …… 143
白足蠍天牛 …… 54
ㄆ 噴毒眼鏡蛇 …… 28
蜱蟲 …… 68
ㄇ 秘魯巨蜈蚣 …… 76
迷彩箭毒蛙 …… 81
墨西哥毒蜥 …… 24
蜜獾 …… 45
玫瑰毒鮋 …… 81、86
馬鈴薯 …… 134
ㄈ 附子 …… 149
VX 神經毒劑 …… 171
ㄉ 大蛛蜂 …… 67
東方蜜蜂 …… 82
毒蠅鵝膏菌 …… 101、141
度氏暴獵椿 …… 52
大麻 …… 103、151
大葉牛防風 …… 132
大斑胸蚜蠅 …… 83
大虎天牛 …… 83
ㄊ 條紋臭鼬 …… 162
ㄋ 擬橙蓋鵝膏 …… 142
內陸太攀蛇 …… 122
牛排菌 …… 140
南方絨蛾 …… 50
ㄌ 鱗柄白鵝膏 …… 141
琉球蝮 …… 32
藍紋章魚 …… 114、122
綠帶鋸蜂 …… 62
鹿花菌 …… 143
柳杉 …… 136
懶猴 …… 160
ㄍ 格林寧樹蟾 …… 40
宮部擬鎖瑚菌 …… 142
革龜 …… 108
鎘 …… 169
歌利亞鳥翼鳳蝶 …… 45
ㄎ 闊帶青斑海蛇 …… 30
昆氏多彩海蛞蝓 …… 81
科摩多巨蜥 …… 22
ㄏ 虎河豚 …… 100
狐獴 …… 45
環紋簑鮋 …… 88
虎斑槽頸蛇（赤煉蛇） …… 34
褐毒隱翅蟲 …… 56
黃刺蛾 …… 50
海蟾蜍 …… 36
火焰茸 …… 138、142
紅龍馬陸 …… 78
黑頭林鵙鶲 …… 123、164
花紋愛潔蟹 …… 118
ㄐ 芥子氣 …… 170
甲基汞 …… 169
金色箭毒蛙 …… 38、123
節慶高澤海蛞蝓 …… 81
酒精 …… 102
棘冠海星 …… 112
加州蠑螈 …… 122
夾竹桃 …… 128
ㄑ 七星瓢蟲 …… 81
青擬天牛 …… 56

知識館系列 039

有毒生物圖鑑：
動物、植物、昆蟲、魚類，54種有毒生物小百科
毒図鑑 生きていくには毒が必要でした。

作者 丸山貴史 まるやまたかし
繪者 あべたみお
監修 日本國立科學博物館
譯者 何姵儀
專業審訂 鄭明倫（國立自然科學博物館生物學組主任）
封面設計 張天薪
內文排版 許貴華
責任編輯 王昱婷
出版一部總編輯 紀欣怡

出版者 采實文化事業股份有限公司
執行副總 張純鐘
業務發行 張世明．林踏欣．林坤蓉．王貞玉
童書行銷 鄒立婕．張敏莉．張文珍
國際版權 劉靜茹
印務採購 曾玉霞
會計行政 李韶婉．許俽瑀．張婕莛
法律顧問 第一國際法律事務所 余淑杏律師
電子信箱 acme@acmebook.com.tw
采實官網 www.acmebook.com.tw
采實文化粉絲團 www.facebook.com/acmebook01
采實童書粉絲團 www.facebook.com/acmestory

ISBN 978-626-431-068-0
定價 360元
初版一刷 2025年9月
劃撥帳號 50148859
劃撥戶名 采實文化事業股份有限公司
104台北市中山區南京東路二段95號9樓
電話：(02)2511-9798 傳真：(02)2571-3298

國家圖書館出版品預行編目資料

有毒生物圖鑑：動物、植物、昆蟲、魚類，54 種有毒生物小百科 / 丸山貴史作；何姵儀譯．--
初版．-- 臺北市：采實文化事業股份有限公司，2025.09
176 面；14.8×21 公分．--（知識館；39）
譯自：毒図鑑：生きていくには毒が必要でした。
ISBN 978-626-431-068-0（平裝）
1.CST: 有毒生物 2.CST: 通俗作品

365.5 114008133

DOKUZUKAN IKITEIKUNIWA DOKU GA HITSUYO DESHITA

采實出版集團
ACME PUBLISHING GROUP